基于观测器的几类非线性动态系统的故障诊断研究

胡正高　邵晓　朱飞　著

北京航空航天大学出版社

内 容 简 介

本书采用基于观测器的方法研究非线性动态系统的故障诊断问题。第 1 章为绪论；第 2 章研究基于 Super-twisting 算法的二阶滑模观测器的非线性动态系统的故障估计问题；第 3 章研究基于降维观测器的非线性动态系统的故障估计问题；第 4 章研究基于奇异自适应观测器的非线性动态系统中执行器故障与传感器故障的同时估计问题；第 5 章研究时滞非线性系统中执行器故障与传感器故障的同时估计问题。

本书可供动态系统故障诊断及相关领域的师生及专业技术人员参考。

图书在版编目(CIP)数据

基于观测器的几类非线性动态系统的故障诊断研究/胡正高，邵晓，朱飞著. -- 北京 ：北京航空航天大学出版社，2024.12. -- ISBN 978－7－5124－4542－0

Ⅰ. TP271

中国国家版本馆 CIP 数据核字第 202448PR84 号

基于观测器的几类非线性动态系统的故障诊断研究

胡正高　邵晓　朱飞　著

策划编辑　董　瑞　　责任编辑　董　瑞

*

北京航空航天大学出版社出版发行

北京市海淀区学院路 37 号(邮编 100191)　http://www.buaapress.com.cn

发行部电话：(010)82317024　传真：(010)82328026

读者信箱：goodtextbook@126.com　邮购电话：(010)82316936

北京富资园科技发展有限公司印装　各地书店经销

*

开本：710×1 000　1/16　印张：8　字数：166 千字

2024 年 12 月第 1 版　2024 年 12 月第 1 次印刷

ISBN 978－7－5124－4542－0　定价：59.00 元

本著作获海军士官学校学术著作出版基金资助

前　言

随着自动控制技术的进步，现代工业系统的自动化水平得到了显著提高，进而生产效率也得到了显著提高。但是，在生产效率提高的同时，工业生产过程也变得越来越复杂。一旦控制系统中发生的执行器故障（元器件故障）或传感器故障得不到及时检测、诊断与处理，轻则导致产品质量下降，重则造成工厂停产，甚至发生巨额经济损失、环境污染等。正是由于工业上对故障检测与诊断（Fault Detection and Diagnosis，FDD）技术的迫切需求，动态系统的 FDD 研究在过去的五十多年中得到了广泛关注。特别是解析模型方法中基于观测器的 FDD 方法，引起了研究人员的极大关注，并在相关学科新成果的推动下不断向前发展。

本书在第 1 章绪论中详细总结了国内外 FDD 的研究成果，在此基础上，针对当前基于观测器的动态系统故障估计研究中存在的几个问题，进一步深入研究了基于观测器的几类非线性动态系统的故障估计问题。

针对传统的滑模观测器在实现故障估计时带来的抖振问题，第 2 章介绍了一种二阶滑模观测器来对非线性动态系统进行故障估计。由于二阶滑模项是连续的，从而消除了传统滑模观测器在实现故障估计时带来的抖振。针对 Lipschitz 非线性动态系统的故障估计问题，首先，通过坐标变换将系统中可以测量的状态变量分离出来。然后，设计基于 Super-twisting 算法的二阶滑模观测器，利用 Lyapunov 泛函证明了观测误差动态系统的稳定性，进而得到了故障估计结果。进一步，利用 T－S 模糊模型对非线性故障系统进行建模，并在 Super-twisting 算法中引入线性项以提高二阶滑模观测器设计的自由度，通过基于改进 Super-twisting 算法的二阶滑模观测器得到了 T－S 模糊非线性系统中执行器故障（元器件故障）的渐近估计。最后，分别通过机械臂系统与液压传动系统的仿真分析验证了方法的有效性。

针对以往的文献在实现故障估计时需要故障或故障导数以及干扰上界不足的问题，第 3 章介绍了一种降维观测器来实现非线性动态系统的故障估计。针对 Lipschitz 非线性动态系统的故障估计问题，首先，通过坐标变换将系统中的故障分离出来。然后，采用线性矩阵不等式（Linear Matrix Inequality，LMI）与 Lyapunov 泛函分别设计 H_∞ 输出反馈控制器与降维观测器，在此基础上实现了对系统中执行器故障（元器件故障）的渐近估计。进一步，利用 T－S 模糊模型对非线性故障系统进行建模，通过设计降维观测器得到了 T－S 模糊非线性系统中执行器故障（元器件故障)的渐近估计。最后,通过仿真分析验证了所提方法是有效的。与已有故障估计方法相比,所提方法不需要故障的先验信息,易于工程上实现对非线性动态系统中执行器故障(元器件故障)的估计。

针对以往非线性动态系统的故障估计研究,很少考虑执行器故障(元器件故障)与传感器故障的同时估计问题,第 4 章介绍了一种奇异自适应观测器来实现故障估计。所提方法能实现非线性动态系统中执行器故障(元器件故障)与传感器故障的同时估计,同时也克服了以往研究中对故障或故障导数以及干扰作上界已知假设的不足。针对非线性连续动态系统的故障估计问题,首先,利用 H_∞ 性能指标抑制了干扰对故障估计的影响。其次,通过 LMI 求解奇异自适应观测器的增益阵,从而很方便地完成所提观测器的设计。再次,利用 Lyapunov 泛函证明了误差动态系统的鲁棒渐近稳定性,并在此基础上得到了非线性连续动态系统中执行器故障(元器件故障)与传感器故障的同时估计。进一步,将结果扩展到非线性离散动态系统的执行器故障(元器件故障)与传感器故障同时估计中。最后,通过直流电机系统仿真分析验证了所提方法是有效的。

在第 4 章的基础上,第 5 章进一步介绍了时滞非线性系统的执行器故障(元器件故障)与传感器故障同时估计问题。首先,将研究的时滞非线性系统改写成奇异系统形式。其次,提出一种奇异自适应观测器来估计故障,通过 LMI 求解奇异自适应观测器的增益阵,同时利用 H_∞ 性能指标抑制了干扰对故障估计的影响。再次,采用 Lyapunov 泛函证明了误差动态系统的鲁棒渐近稳定性,进而得到了执行器故障(元器件故障)与传感器故障的同时鲁棒渐近估计。最后,通过一个仿真算例验证了所提方法是有效的。

本书由海军士官学校信息通信系胡正高、邵晓、朱飞完成,其中,胡正高负责撰写第 1 章、第 2 章、第 3 章 3.1～3.3 节和第 4 章 4.1～4.3 节,邵晓负责撰写第 5 章以及所有仿真分析与小结,朱飞负责撰写第 3 章 3.4 节和第 4 章 4.4 节,最后胡正高对全书进行了统稿。本书的出版获海军士官学校学术著作出版基金资助,在此深表谢意。

尽管动态系统的 FDD 技术在过去的五十多年得到了大量研究,但仍然是一个充满活力的研究领域。限于作者水平,本书的疏漏及不妥之处,恳请读者批评指正。

作　者

2024 年 7 月

目　录

第 1 章 绪 论

1.1 研究背景与意义

1769 年，Watt 通过设计飞球调节器实现了对蒸汽机转速的调节，拉开了反馈控制系统在工业中大规模应用的序幕。此后，通过广大科研与工程人员的不懈努力，控制系统的设计无论是在理论上，还是在实践中都得到了迅速发展。20 世纪以来，控制理论与技术更是得到了井喷式发展，并广泛应用于雷达天线控制系统、火炮定位系统以及航空与航天等领域。在当今社会，控制系统发挥着关至关重要的作用[1]，已经广泛应用于现代工业系统，极大地提高了生产力，并显著地降低了制造成本。

尽管控制系统可以极大地提高生产力，但是它们也容易发生故障。很多文献已经报道了发生在各类控制系统中的故障，如飞行器控制系统、喷气发动机控制系统、机器人控制系统、化工过程控制系统等。导致系统出现故障的因素主要有：① 对工艺的集约化水平要求越来越高，现代工业系统很容易运行在极限情况附近，从而容易在物理上损坏系统中的执行器或传感器；② 长时间的连续作业，系统中的元器件老化或磨损；③ 外部环境的突然变化。系统中发生的故障如果得不到及时的诊断与处理，轻则会降低生产效率，增加生产成本；重则会导致系统失稳。特别是对安全性要求高的系统，如果不及时诊断并处理系统中的故障，可能会造成重大安全事故。比如，2011 年 7 月 23 日发生的甬温线特大动车追尾事故（见图 1 - 1），就是雷击使列车控制中心设备与轨道电路发生故障，导致控制信号被错误地显示[2]，事故最终造成 40 人死亡，172 人受伤。再如在航天领域，2013 年 7 月 2 日，俄罗斯一枚载有 3 颗 Glonass - M 导航卫星的 Proton - M 运载火箭，在发射升空 1 min 内偏离轨道并坠落爆炸，火箭上运载的 3 颗导航卫星也一同损毁（见图 1 - 2）。这起事故是火箭控制系统发生故障造成的[3]：角速度传感器在火箭升空后发生故障，导致偏航轴失去稳定性，最终导致火箭坠落爆炸。2014 年 5 月 16 日，俄罗斯又一枚携带 Express - AM4R 卫星的 Proton - M 运载火箭，在升空大约 9 min 后，其第三级发动机的操舵发动机发生故障，导致运载火箭在大气层中爆炸，通信卫星与火箭一同损毁（见图 1-3），此次事故发生几天后，Proton-M 系列火箭被无限期停飞，造成了巨大的损失。

如果在故障发生前，人们能够采取有效措施来阻止故障的发生，就可以避免故障带来的不良后果。虽然许多不可抗因素导致系统将不可避免地发生故障，但是我们可以采取措施来避免故障带来的不良后果，至少可以降低故障引起的不良影响。只要系统中的故障得到及时的检测与诊断，就可以调节控制系统，从而确保系统在故障发生后仍然能安全地工作，直到系统关闭后对系统进行维修。除了安全问题，从经济的角度来看，故障检测与诊断（Fault Detection and Diagnosis，FDD）技术能够监控系统的动态过程，从而可以在故障发生后迅速报警，并为后续的决策提供故障信息，避免造成重大的经济损失。从环保的角度来看，在工业过程中引入 FDD 技术，能够防止故障对环境造成灾难性的破坏。考虑到安全、经济与环境上对 FDD 技术的巨大需求，展开动态系统 FDD 技术的研究迫在眉睫。

图 1-1 甬温线特大动车追尾事故(2011)

图 1-2 Proton-M 运载火箭爆炸(2013)

图 1-3 Proton-M 运载火箭爆炸(2014)

1.2 动态系统的 FDD 技术研究概述

由于现代工业系统经常执行复杂的任务，因此必须提高系统的安全性与可靠性。为了保证工业生产过程要求的高可靠性，系统中发生的故障必须能被检测到，以便消除或减弱故障对系统造成的不良影响。正是由于工业上对系统安全性与可靠性的迫切需求，动态系统的 FDD 技术已经得到研究人员极大的关注[4]。

故障是指至少系统的一种特征出现了不允许的偏差，导致系统达不到预期的目标。即使故障在早期阶段是可以容忍的，为避免后期发生严重的后果，也应尽早进行检测与诊断。

1.2.1　故障的分类

动态系统中的各个部位均有发生故障的可能性。一般情况下，根据故障在系统中发生部位的不同，故障可以分为：① 执行器故障；② 传感器故障；③ 元器件故障，如图 1－4 所示。下面对这几类故障做进一步描述。

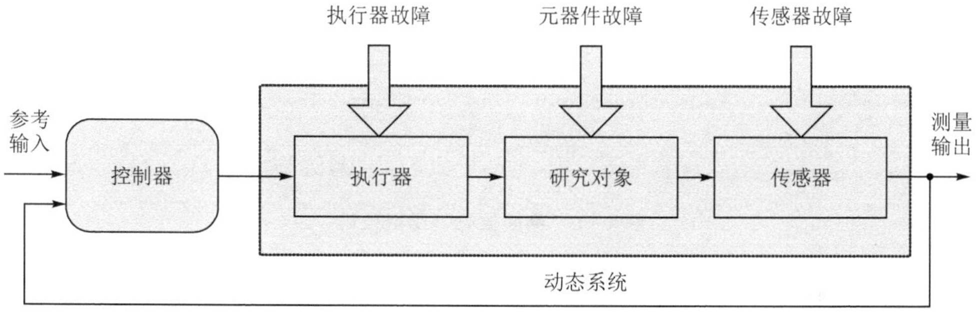

图 1－4　动态系统中发生故障的部位

执行器故障发生在诸如气动装置、继电器与阀门等设备中。执行器故障通常表示执行机构的控制作用部分或全部损失。比如当轴承或齿轮损坏时，它们的设计特性会发生改变或完全失效。一旦执行器完全失效，即使施加控制输入，执行器也不会产生任何响应。

传感器故障是指传感器测量的读数不正确。传感器故障一般是由于传感器没校准好，或者传感器的动态特性发生了改变。传感器故障也可以进一步分成部分或完全失效。其中，传感器完全失效是指传感器已经不能工作。

元器件故障是指所有不能被归类为执行器故障或传感器故障的，其他发生在动态系统中的故障。元器件故障往往是系统结构发生损坏，从而导致系统物理参数发生变化，例如，空气动力学系数、阻尼常数与质量等发生变化，最终会改变系统的动态输入/输出特性。

从模型建立来看，故障可分为加性故障与乘性故障，如图 1－5 所示。加性故障被认为是一种附加的外部信号，即未知的输入；而乘性故障被认为是参数的偏差。

此外，根据时间特性，故障可分为突变故障与缓变故障，如图 1－6 所示。突变故障往往是硬件损坏引起的，会急速地改变系统的动力学特性，从而对被控系统的性能与稳定性产生不利影响。因此，必须及时检测出突变故障，避免它们对系统造成破坏。缓变故障是指缓慢发展的故障，但是任由它们发展，可能会造成非常严重的后果。与突变故障相比，缓变故障更加难以检测。

图 1-5 加性故障与乘性故障

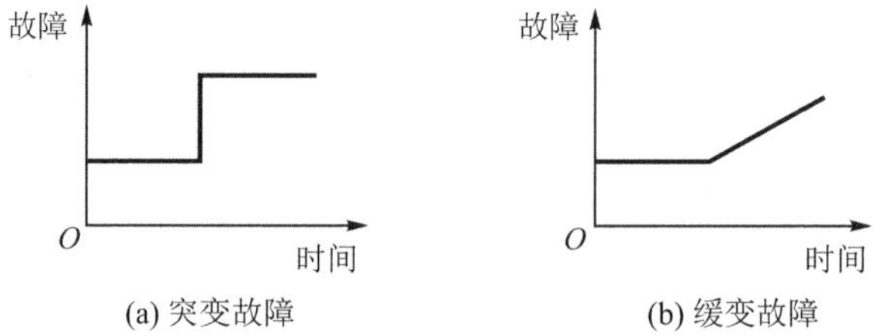

图 1-6 突变故障与缓变故障

为了阻止故障对系统造成重大破坏，维持系统安全可靠的运行，必须尽快检测与诊断系统中发生的故障。为此，必须开发有效的 FDD 技术。

1.2.2 故障系统模型

下面介绍故障系统的建模[5]。首先考虑非线性动态系统中的执行器发生故障，此时故障系统的模型为

$$\begin{cases}\dot{\boldsymbol{x}}(t)=\boldsymbol{A}\boldsymbol{x}(t)+\boldsymbol{g}(t,\boldsymbol{x}(t))+\boldsymbol{B}\boldsymbol{u}(t)+\boldsymbol{B}\boldsymbol{f}_a(t)\\ \boldsymbol{y}(t)=\boldsymbol{C}\boldsymbol{x}(t)\end{cases}\tag{1-1}$$

其中，$\boldsymbol{x}\in\mathbb{R}^n$，$\boldsymbol{y}\in\mathbb{R}^p$，$\boldsymbol{u}\in\mathbb{R}^m$ 分别为系统的状态、测量输出与控制输入；$\boldsymbol{f}_a\in\mathbb{R}^m$，为系统的执行器故障(Actuator Fault)；$\boldsymbol{g}$ 为式(1-1)中的非线性向量；$\boldsymbol{A}$，$\boldsymbol{B}$，$\boldsymbol{C}$ 是已知的适当维数常值矩阵。

若系统中的传感器发生故障，此时故障系统的模型为

$$\begin{cases}\dot{\boldsymbol{x}}(t)=\boldsymbol{A}\boldsymbol{x}(t)+\boldsymbol{g}(t,\boldsymbol{x}(t))+\boldsymbol{B}\boldsymbol{u}(t)\\ \boldsymbol{y}(t)=\boldsymbol{C}\boldsymbol{x}(t)+\boldsymbol{f}_s(t)\end{cases}\tag{1-2}$$

其中，$\boldsymbol{f}_s\in\mathbb{R}^p$，为系统的传感器故障(Sensor Fault)。

再考虑系统中的元器件发生故障，此时故障系统的模型为

$$\begin{cases}\dot{\boldsymbol{x}}(t)=\boldsymbol{A}\boldsymbol{x}(t)+\boldsymbol{g}(t,\boldsymbol{x}(t))+\boldsymbol{B}\boldsymbol{u}(t)+\boldsymbol{f}_c(t)\\ \boldsymbol{y}(t)=\boldsymbol{C}\boldsymbol{x}(t)\end{cases}\tag{1-3}$$

其中，$f_c \in \mathbb{R}^n$ 为系统的元器件故障(Component Fault)。

一般地，考虑系统中所有可能发生的执行器故障(元器件故障)与传感器故障，故障系统的模型可以写为

$$\begin{cases}\dot{\boldsymbol{x}}(t)=\boldsymbol{A}\boldsymbol{x}(t)+\boldsymbol{g}(t,\boldsymbol{x}(t))+\boldsymbol{B}\boldsymbol{u}(t)+\boldsymbol{F}_{ac}\boldsymbol{f}_{ac}(t)\\ \boldsymbol{y}(t)=\boldsymbol{C}\boldsymbol{x}(t)+\boldsymbol{F}_s\boldsymbol{f}_s(t)\end{cases} \tag{1-4}$$

其中，$\boldsymbol{f}_{ac}$ 为执行器故障(元器件故障)，$\boldsymbol{f}_s$ 为系统中的传感器故障。$\boldsymbol{F}_{ac}$ 与 $\boldsymbol{F}_s$ 为适当维数的矩阵。当 $\boldsymbol{F}_{ac}=\boldsymbol{B}$ 时，$\boldsymbol{f}_{ac}$ 表示执行器故障；当 $\boldsymbol{F}_{ac}=\boldsymbol{I}_n$ 时，$\boldsymbol{f}_{ac}$ 表示元器件故障。

1.2.3 FDD 技术简介

实际上，FDD 技术是一项综合性技术，它涉及众多学科，诸如现代控制理论、信号处理、模糊理论以及人工智能等学科。FDD 技术的两个主要任务如下：一是监测系统的运行状态；二是对系统运行过程中的故障进行检测与诊断。美国最早展开了 FDD 技术的研究，其 FDD 技术已经在核反应堆、航天飞机、人造卫星等尖端领域处于世界领先水平。我国在 FDD 方面的起步较晚，科研人员在 20 世纪 80 年代初期才开始 FDD 技术的研究。值得一提的是，经过广大科研人员的不懈努力，我国在 FDD 领域已经取得了不少成果[6-8]。

FDD 的主要功能是检测故障，并评估故障的程度，以便采取纠正措施消除或尽量减弱故障对系统性能造成的影响。最早是采用基于硬件冗余的方法实现 FDD，这种方法需要使用多个执行器、传感器与元器件来确定特定的变量，然后通过表决技术判断系统是否发生故障，并定位故障发生的位置。基于硬件冗余的 FDD 技术需要增加额外的设备，故提高了系统的维护成本，还要提供容纳附加设备所需的额外空间。此外，基于硬件冗余的 FDD 技术也不能深入了解系统的动态过程。如果把系统中不同的测量值放在一起交叉比较，而不是去单独地复制每个硬件，这就是利用解析冗余方法来实现 FDD 的思想。基于解析冗余的 FDD 技术起源于 1971 年 Beard 的博士论文[9]以及 Mehra 与 Peschon 的论文[10]。与基于硬件冗余的 FDD 技术相比，基于解析冗余的方法只需要系统的数量关系即可实现，并不需要在系统中安装额外的物理检测仪表。这对某些系统的 FDD 是非常重要的：由于物理上的限制或其他的限制，如重量或成本，在某些系统中安装额外的传感器是不现实的或者是很困难的。例如，由于硬件的限制，几乎不可能在二级倒立摆上安装转速计来测量摆杆的角速度。相比之下，采用基于解析模型的 FDD 后，人们就可以使用计算机完成所有的计算，从而不用安装额外的设备，也就不会显著增加系统的重量。特别是对重量与大小有严格要求的系统，比如无人机，更会凸显基于解析冗余 FDD 技术的重要意义。

目前，FDD 技术的研究以解析冗余为主，主要包括故障检测、故障隔离、故障估

计等内容。根据FDD研究中所采用方法的不同，现有基于解析冗余的FDD方法可划分为基于解析模型的方法[11]，基于信号处理的方法[12]与基于模糊逻辑、神经网络、专家系统等技术的智能方法[13]。基于解析模型方法的思想是利用系统数学模型的输出与该系统的实际输出进行分析，产生一个残差信号。理想情况下，在无故障时残差应为零；如果有故障，应该非零。在实际中，一般是通过将设定阈值与残差作比较以判断系统是否发生故障。

由于基于解析模型的FDD技术以控制理论为基础，故它更能充分利用系统内部的深层次信息，及时准确地实现FDD任务，因此得到了广泛研究[14-15]。根据残差产生方式的不同，已有的基于解析模型的FDD方法可以分为基于观测器的方法[14]、基于等价空间的方法[15]与基于参数估计的方法[16]。在过去的五十多年中，动态系统的FDD技术得到了大量研究[4-16]，并已经广泛应用于航空飞行器与航天飞行器、核反应堆的压力和液位控制系统以及火力发电厂中的气水分离系统等，将来动态系统FDD技术的研究仍然是一个充满挑战与日益活跃的研究领域。

1.2.4 动态系统的故障估计研究现状

虽然故障检测可以检测出系统中的故障，但是无法对故障进行定量分析，也就无法对故障有更深刻的认识。相比之下，故障估计能够直接得到故障的波形与幅度，从而对系统中发生的故障有直观的表达。此外，通过故障估计还可以为下一步的容错控制提供故障信息，从而实现对故障系统的主动容错控制[18]。因此，开展对动态系统故障估计的研究十分必要。

目前，主要采用基于观测器的方法来研究动态系统的故障估计问题。

(1) 基于滑模观测器方法的故障估计

Edwards等[19]首次采用滑模观测器，利用滑模等效原理估计线性动态系统中的故障，实现了对故障的高精度估计。针对文献[19]没考虑外部干扰的问题，文献[20]在此基础上研究了鲁棒故障估计问题，通过H_∞技术使得系统中的不确定性对故障估计的影响最小化。文献[21]通过时滞方法，将滑模观测器方法进一步应用到采样数据系统的故障估计中。针对一类不确定Lipschitz非线性动态系统，Yan与Edwards提出了基于滑模观测器的故障估计方法[22]。在文献[22]的基础上，文献[23]利用滑模观测器研究了受扰Lipschitz非线性动态系统的故障估计问题，并利用H_∞技术抑制了干扰对故障估计的影响。文献[24]研究了一类非线性动态系统的传感器故障估计问题，首先分别对状态方程与输出方程进行坐标变换，使得干扰与故障相分离，然后利用滤波器将传感器故障转换成执行器故障，最终设计滑模观测器实现了对系统中传感器故障的估计。文献[25]研究了Takagi-Sugeno模糊非线性系统的执行器故障估计问题，通过线性矩阵不等式得到了所设计的滑模观测器的增益阵，在此基础上实现了对系统中执行器故障的估计。文献[26]通过设计辅助输出突破了滑模故障诊断观测器设计时必须满足观测器匹配条件的限制，并实现了对绕线机系统中执行器故障的估计。文献[27]在此基础上，借助于辅助输出，进一步利用滑模观测器实现对受扰非线性系统中执行器故障的估计。针对多故障的同时估计问题，文献[28]设计奇异滑模观测器，研究了 Lipschitz 非线性动态系统的执行器故障与传感器故障的同时估计问题。

滑模观测器利用不连续项实现了滑动模态，然后利用滑模等效原理实现故障估计[19-28]。然而，滑模观测器中的不连续项也不可避免地引入了抖振，从而会给故障估计的性能带来不利的影响。

(2) 基于自适应观测器方法的故障估计

文献[29]设计自适应观测器，研究了线性动态系统的故障估计问题，文献[30]通过在自适应观测器中引入比例项来进一步提高故障估计的性能。文献[31]得到了线性动态系统在有限频条件下基于自适应观测器的故障估计结果。文献[32]研究了线性时滞系统的故障估计问题，利用线性矩阵不等式来求解自适应观测器的增益矩阵。文献[33]和[34]利用自适应观测器研究了 Lipschitz 非线性动态系统的故障估计问题，最终得到了执行器故障的一致有界估计。然而，文献[32]和[34]并没有考虑外部扰动的影响，而且得到的是故障的一致有界估计，并不能得到故障的渐近估计，从而难以实现对故障的高精度估计。文献[35]研究了一类 Lipschitz 非线性动态系统的故障估计问题，设计的自适应观测器能够满足预设的指数收敛速度，提高了故障估计的性能，而且考虑了外部扰动的影响，实现了鲁棒故障估计。针对一类受扰多输入多输出非线性动态系统的乘性故障估计问题，文献[36]通过设计自适应观测器实现了故障估计。文献[37]利用自适应观测器实现了 Markovian 跳变系统与时滞非线性系统的故障估计。文献[38]研究了非线性离散动态系统的执行器故障估计问题，设计的自适应观测器能够以预设的指数速度收敛，并抑制了干扰对故障估计的影响。

基于自适应观测器的方法往往需要知道故障、故障导数或故障频率的上界信息[29-37]，可是在工程实际中获取这些信息是有困难的，从而一定程度上限制了此类方法的应用范围。另一方面，此类方法往往得到的是故障的一致有界估计[30,32-35]，其故障估计的精度有待进一步提高。

(3) 其他观测器方法的故障估计

文献[39]～[40]通过设计降维观测器实现了动态系统的故障估计。文献[41]研究了一类非线性动态系统的故障估计问题，通过设计高增益观测器得到故障估计，然而所设计的观测器需要假设故障的上界是已知的。文献[42]采用高阶高增益滑模观测器估计故障，可是要求干扰的上界是已知的。文献[43]研究了一类非线性广义系统的执行器故障估计问题，通过径向基函数(Radial Basis Function)神经网络的在线学习能力设计观测器实现故障估计。但是，此类方法中参数的选取仍然缺乏坚实的科学理论指导。文献[44]采用学习观测器实现了对线性系统与线性变参数系统的故障估计;文献[45]将 Luenberger 观测器与学习观测器结合起来估计故障。但是,文献[45]要求研究的系统必须是线性的。文献[46]和[47]采用奇异观测器实现了对 Lipschitz 非线性动态系统、T－S 模糊非线性系统与时滞非线性系统中传感器故障的估计。文献[48]利用多项式观测器实现了 Lipschitz 非线性动态系统的执行器故障估计。然而文献[46]～[48]研究的只是单一的执行器故障或传感器故障估计问题,并没有考虑执行器与传感器同时发生故障时的故障估计问题。

1.3　存在的问题

目前,线性动态系统的故障估计问题已经得到了不少研究[45,49]。已知,大多数实际系统,如卫星姿态控制系统、隧道二极管电路与化学反应器,都有很强的非线性,从而需要用非线性数学模型来描述。通过前面的综述可以看到,非线性动态系统的故障估计在过去的几十年中已经取得了一些成果,但是这一研究方向仍然还有许多亟须解决的问题,需要进一步深入研究。在这里,我们重点关注以下问题。

问题 1:滑模观测器通过滑模等效原理来实现故障估计[19],由于在滑模观测器中引入了不连续项,因此实现了滑动模态。然而,不连续项也不可避免地引入了抖振,而抖振会增加能量消耗,还容易激起系统中的未建模动态,进而导致观测误差、动态系统失稳乃至崩溃,从而无法实现对系统的故障估计。然而,以往基于滑模观测器的非线性动态系统的故障估计研究中[19－28],并没有考虑到这一问题。那么,如何避免滑模观测器在实现非线性动态系统故障估计时带来的抖振问题?

问题 2:目前针对动态系统的故障估计研究中,往往需要假设故障或故障导数以及干扰的上界[19-37,41-42]是已知的,可是在工程实际中获取这些信息是有难度的。那么,如何在不需要这些先验信息的情况下研究非线性动态系统的故障估计问题?

问题 3:以往动态系统的故障估计研究中,考虑的往往是单一的执行器故障或传感器故障问题[19-27,29-39,41-45],很少考虑系统中的执行器与传感器同时发生故障的情况。那么,如何实现非线性动态系统中执行器故障与传感器故障的同时估计?

问题 4:目前针对非线性动态系统故障估计,大多数文献研究的是 Lipschitz 非线性动态系统[22-24,33-37,40-43],针对 Takagi－Sugeno 模糊非线性系统的故障估计研究的还很少[25,46]。那么,如何研究此类非线性动态系统的故障估计问题?同时,通过前文的综述,可以看到针对时滞非线性系统[37,47]与非线性离散动态系统[38]故障估计的研究还很少,那么如何进一步研究此类非线性动态系统的故障估计问题?

1.4　研究内容

针对目前动态系统故障估计研究中存在的几个问题,本书将在已有文献研究的基础上，继续深入研究非线性动态系统的故障估计问题。与线性动态系统相比，非线性动态系统更为复杂，从而使得非线性动态系统的故障估计研究更加困难。非线性动态系统种类繁多，不可能像线性动态系统那样系统地加以研究。不过，研究有代表性的几类非线性动态系统是可行的，也是很有意义的。本书研究的非线性动态系统具有典型性，包括 Lipschitz 非线性动态系统、Takagi-Sugeno 模糊非线性系统、非线性离散动态系统以及时滞非线性系统等。此外，本书提出的故障估计方法将分别应用于机械臂系统、液压传动系统与电机系统等。因此，本书的研究不仅在理论上有参考价值，而且也有一定的应用前景。

本书将采用基于观测器的方法展开对非线性动态系统故障估计的研究。针对 1.3 节提到的问题 1～问题 4，具体的研究内容安排如图 1-7 所示。

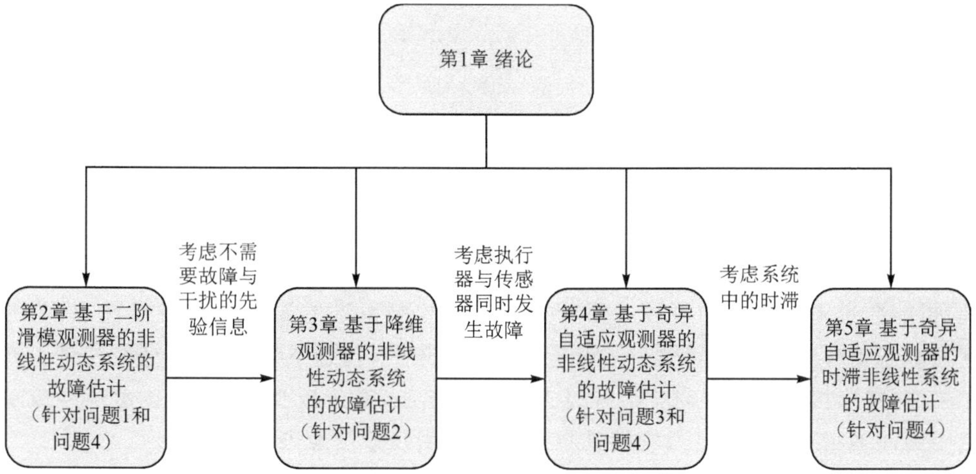

图 1-7 本书结构

第 2 章 基于二阶滑模观测器的非线性动态系统的故障估计

2.1 引　言

随着现代科学技术的飞速发展，工业系统正变得越来越复杂。同时，由于对工艺的集约化水平要求越来越高，现代工业系统很容易运行在极限情况附近，从而增加了系统发生故障的风险。一旦系统发生故障，如果不能及时检测出故障并进行处理，可能会带来灾难性的事故。因此如何提高控制系统的安全性与可靠性，成为控制领域需要解决的热点问题[5]。正是在这一背景下，动态系统的 FDD 研究得到了极大关注，并取得了丰硕成果[4]。在过去的几十年中，基于模型的 FDD 技术已经成功应用到许多实际系统中[17]，它的基本思想是利用残差信号来检测故障。

必须指出的是，故障检测仅仅是利用残差信号来判断系统是否发生故障。相比之下，故障估计的难度要大很多，也更富有挑战性。而且，通过故障估计能够直接得到故障的波形与幅度，从而对系统中发生的故障有直观的认识。由于故障估计在故障诊断中的重要性，基于观测器的故障估计问题已经得到了广泛研究。比如，动态系统的故障估计问题已经在文献[49]中得到了研究，但文献[49]中考虑的是线性系统。已知实际的系统大多数是非线性系统，因此，研究非线性系统的故障估计既有理论意义，也有实际应用价值。由于其复杂性，非线性动态系统的故障估计问题的研究还很不深入。文献[30]及[32]～[35]采用自适应观测器研究非线性动态系统的故障估计问题，不过此类方法得到的是故障的一致有界估计。文献[43]采用神经网络设计观测器对一类非线性动态系统中的故障进行估计，但是此类方法中的参数目前仍然依靠经验来选取。文献[19]采用滑模观测器得到了高精度的故障估计结果，故障估计的进一步研究可以参见文献[20]～[28]。然而，滑模观测器利用高频切换来实现滑模动态，需要消耗大量的能量，也不可避免地产生抖振，从而很容易激起观测误差触发动态系统中的未建模动态。文献[50]采用基于 Super-twisting 算法的二阶滑模观测器研究了一类动态系统的未知输入(故障)估计问题,但此类方法要求研究的系统必须是线性系统。

T－S 模糊理论已经被广泛应用于非线性动态系统的建模[51]。实际上,大多数物理系统的非线性动力学性态可通过 T－S 模糊模型来近似,具体是通过 IF－THEN 模糊规则对非线性动态系统进行建模。T－S 模糊模型的每条模糊规则对应一个线性模型,用以表征所研究非线性动态系统的局部性态。然后,通过定义每个线性模型的非线性权重来得到非线性动态系统的全局性态。采用 T－S 模糊模型对非线性动态系统建模的优点是它在数学上分析起来更加简便。目前,基于 T－S 模糊模型的非线性动态系统的故障检测的研究[52]已有不少,然而对故障估计的研究还很少[25,46],有待进一步探索。

根据上面的分析,本章提出基于二阶滑模观测器的故障估计方法实现非线性动态系统中执行器故障(元器件故障)的估计,从而克服传统滑模观测器在故障估计时带来的抖振问题。首先,通过坐标变换将系统中可以测量的状态变量分离出来。然后,设计基于 Super-twisting 算法的二阶滑模观测器研究 Lipschitz 非线性动态系统的故障估计问题,并利用 Lyapunov 泛函[53]证明观测误差动态系统的稳定性。接下来,采用 T－S 模糊模型对故障系统进行建模。为了提高观测器设计的自由度,在 Super-twisting 算法中引入线性项,设计基于改进 Super-twisting 算法的二阶滑模观测器来实现 T－S 模糊非线性系统的故障估计。

2.2　理论基础

2.2.1　范数与空间

可以用范数来表示$\mathbb{R}^n$中向量的整体大小,也可以用它来表示一个线性算子在某种意义上的整体“增益”。范数实质上是距离概念的扩展。本节介绍有关范数的一些基本知识,利用这些知识可对系统整体特性及其中的变量做概括的、总体的定量估算或定性分析[54]。

1. 范　数

定义 2－1　用 X 表示 K 域(K 为$\mathbb{R}$或$\mathbb{C}$)的线性空间,用 $\mathbf{0}$ 表示 X 中的零向量。ρ 定义为 X 中的范数,它满足以下三个条件。

① 正定条件。

$$\boldsymbol{x} \in X \quad 和 \quad \boldsymbol{x} \neq \mathbf{0} \Rightarrow \rho(\boldsymbol{x}) > 0 \tag{2-1}$$

② 齐次条件。

$$\rho(\alpha \boldsymbol{x}) = |\alpha| \rho(\boldsymbol{x}), \quad \forall \alpha \in K, \quad \forall \boldsymbol{x} \in X \tag{2-2}$$

③ 三角形不等式。

$$\rho(\boldsymbol{x}+\boldsymbol{y}) \leqslant \rho(\boldsymbol{x})+\rho(\boldsymbol{y}), \quad \forall \boldsymbol{x}, \boldsymbol{y} \in X \tag{2-3}$$

在线性空间 X 中可以有多种赋范方式，只要满足以上三个条件即可。若范数 ρ 已经定义好，则称 (X,ρ) 为赋范空间(Normed Space)。

(1) 向量的范数

向量可以有多种范数，常用的有

$$\|\boldsymbol{x}\|_1 \stackrel{\text{def}}{=} \sum_{i=1}^{n}|x_i| \tag{2-4}$$

$$\|\boldsymbol{x}\|_p \stackrel{\text{def}}{=} \left(\sum_{i=1}^{n}|x_i|^p\right)^{1/p}, \quad 1 \leqslant p<\infty \tag{2-5}$$

$$\|\boldsymbol{x}\|_\infty \stackrel{\text{def}}{=} \max_i |x_i| \tag{2-6}$$

式中，$\|\boldsymbol{x}\|_2$ 称为 $\boldsymbol{x}$ 的欧氏范数，它最常用。

(2) 函数的范数

对于连续变量函数，定义其范数为

$$\|f\|_1 \stackrel{\text{def}}{=} \int |f(t)| \,\mathrm{d}t \tag{2-7}$$

$$\|f\|_p \stackrel{\text{def}}{=} \left(\int |f(t)|^p \mathrm{d}t\right)^{1/p}, 1 \leqslant p<\infty \tag{2-8}$$

$$\|f\|_\infty \stackrel{\text{def}}{=} \operatorname{ess}\sup_{t\in\mathbb{R}}|f(t)| = \inf\{a \in \mathbb{R} \mid \mu[\{t \mid |f(t)| \geqslant a\}]=0\} \tag{2-9}$$

这里讨论的函数是 Lebesque 可积的。$\mu[A]$ 表示集合 A 的 Lebesque 测度。式(2-7)～式(2-9)的范数分别用 L_1, L_p, L_∞ 来表示。式(2-9)中 ess 表示本质的，即将测度为零的无界点(如 δ 函数点)剔除在外。

(3) 矩阵的范数

作为一种算子，实矩阵 $\boldsymbol{A}$ 的范数记作 $\|\boldsymbol{A}\|$，它是矩阵 $\boldsymbol{A}$ 的实值函数，必须具有以下性质：

① 对于任何非零矩阵 $\boldsymbol{A} \neq \boldsymbol{0}$，其范数大于零，即 $\|\boldsymbol{A}\|>0$，并且 $\|\boldsymbol{0}\|=0$；

② 对于任意实数 α 有 $\|\alpha\boldsymbol{A}\|=|\alpha|\,\|\boldsymbol{A}\|$；

③ 矩阵范数满足三角不等式 $\|\boldsymbol{A}+\boldsymbol{B}\| \leqslant \|\boldsymbol{A}\|+\|\boldsymbol{B}\|$；

④ 两个矩阵乘积的范数小于或等于两个矩阵范数的乘积，即 $\|\boldsymbol{AB}\| \leqslant \|\boldsymbol{A}\| \cdot \|\boldsymbol{B}\|$。

下面是两种典型的矩阵范数。

① Frobenius 范数。

$$\|\boldsymbol{A}\|_{\mathrm{F}} \stackrel{\text{def}}{=} \left(\sum_{i=1}^{m}\sum_{j=1}^{n}|a_{ij}|^2\right)^{1/2} \tag{2-10}$$

这一定义可以视为向量的 Euclidean 范数对按照矩阵各行排列的“长向量” $\boldsymbol{x}\left(\boldsymbol{x}=[a_{11},\cdots,a_{1n},a_{21},\cdots,a_{2n},\cdots,a_{m1},\cdots,a_{mn}]^{\mathrm{T}}\right)$ 的推广。矩阵的 Frobenius 范数

又称 Euclidean 范数、Schur 范数、Hilbert-Schmidt 范数或 L_2 范数。

② L_p 范数。

$$\|\boldsymbol{A}\|_p \overset{\text{def}}{=} \max_{x\neq \boldsymbol{0}} \frac{\|\boldsymbol{Ax}\|_p}{\|\boldsymbol{x}\|_p} \tag{2-11}$$

式(2-11)是向量的范数,由式(2-5)定义。

注意,向量 $\boldsymbol{x}$ 的 L_p 范数 $\|\boldsymbol{x}\|_p$ 相当于该向量的长度。当矩阵 $\boldsymbol{A}$ 作用于长度为 $\|\boldsymbol{x}\|_p$ 的向量 $\boldsymbol{x}$ 时,得到线性变换结果为向量 $\boldsymbol{Ax}$,其长度为 $\|\boldsymbol{Ax}\|_p$。线性变换矩阵 $\boldsymbol{A}$ 可视为一线性放大器算子。因此,比率 $\|\boldsymbol{Ax}\|_p/\|\boldsymbol{x}\|_p$ 提供了线性变换 $\boldsymbol{Ax}$ 相对于 $\boldsymbol{x}$ 的放大倍数,而矩阵 $\boldsymbol{A}$ 的 L_p 范数 $\|\boldsymbol{A}\|_p$ 是由 $\boldsymbol{A}$ 产生的最大方法倍数。

当用范数分析某一向量的某种性质时,用不同的范数常可得到相同的定性结论,这说明范数之间有等价关系。对于范数的等价性有以下重要引理。

引理 2-1 在有限维空间 $\mathbb{R}^n$ 中所有的范数等价。

2. 赋范空间

对于线性赋范空间,有如下定义。

定义 2-2 设 X 是数域 K($\mathbb{R}$ 或 $\mathbb{C}$)上的线性空间。若有一元实值泛函 $f:X\to\mathbb{R}$(将这一元实值泛函 $f(x)$ 记作 $\|\boldsymbol{x}\|$)满足下面 4 条公理:

① $\|\boldsymbol{x}\|\geqslant 0, \forall \boldsymbol{x}\in X$;

② $\|\boldsymbol{x}\|=0 \Leftrightarrow \boldsymbol{x}=\boldsymbol{0}\in X$;

③ $\|\alpha\boldsymbol{x}\|=|\alpha|\,\|\boldsymbol{x}\|, \forall \alpha\in K, \forall \boldsymbol{x}\in X$;

④ $\|\boldsymbol{x}+\boldsymbol{y}\|\leqslant\|\boldsymbol{x}\|+\|\boldsymbol{y}\|, \forall \boldsymbol{x},\boldsymbol{y}\in X$。

则称 $\|\boldsymbol{x}\|$ 为 $\boldsymbol{x}$ 的范数。若数域 K 为 $\mathbb{R}$(或 $\mathbb{C}$),则称 X 为赋范的实数(或复数)线性空间($X,\|\cdot\|$),简称赋范空间,记为 X。

定义 2-3 若 $\{\boldsymbol{x}_n\}\subset(X,\|\cdot\|)$,$\bar{\boldsymbol{x}}\in X$,且当 $n\to\infty$ 时,$\|\boldsymbol{x}_n-\bar{\boldsymbol{x}}\|\to 0$,则称序列 $\{\boldsymbol{x}_n\}$ 收敛于 $\bar{\boldsymbol{x}}$(按范数 $\|\cdot\|$),或称 $\bar{\boldsymbol{x}}$ 是序列 $\{\boldsymbol{x}_n\}$ 的极限,记作 $\lim\limits_{n\to\infty}\boldsymbol{x}_n=\bar{\boldsymbol{x}}$ 或 $\boldsymbol{x}_n\to\bar{\boldsymbol{x}}$。

定义 2-4 若 $\{\boldsymbol{x}_n\}\subset(X,\|\cdot\|)$,且对任意 $\varepsilon>0$,都存在正整数 $N>0$,使得 $m,n>N$ 时,$\|\boldsymbol{x}_n-\boldsymbol{x}_m\|<\varepsilon$,则称 $\{\boldsymbol{x}_n\}$ 为 $(X,\|\cdot\|)$ 中的本来列或 Cauchy 列。Cauchy 列也可以等价地定义为:对于任意的 $\varepsilon>0$,都存在 $N>0$,使 $n>N$ 时,对于任意的正整数 p,都有 $\|\boldsymbol{x}_{n+p}-\boldsymbol{x}_n\|<\varepsilon$ 或 $\lim\limits_{n,m\to\infty}\|\boldsymbol{x}_n-\boldsymbol{x}_m\|=0$。

若 $(X,\|\cdot\|)$ 中任意的 Cauchy 列都在其中收敛,则称该赋范空间是完备的。完备的赋范空间称为 Banach 空间。

3. 内积空间

定义 2-5 设 X 是实数域 $\mathbb{R}$(或复数域 $\mathbb{C}$)上的线性空间,若存在一个二元泛函 $f:X\times X\to\mathbb{R}$,将二元泛函 $f(\boldsymbol{x},\boldsymbol{y})$ 记作 $\langle\boldsymbol{x},\boldsymbol{y}\rangle$,且该二元泛函具有以下性质:

$$\langle\boldsymbol{x},\boldsymbol{y}\rangle=\langle\boldsymbol{y},\boldsymbol{x}\rangle, \quad \forall \boldsymbol{x},\boldsymbol{y}\in X \tag{2-12}$$

$$\langle \boldsymbol{x},\boldsymbol{y}+\boldsymbol{z}\rangle=\langle \boldsymbol{x},\boldsymbol{y}\rangle+\langle \boldsymbol{x},\boldsymbol{z}\rangle,\quad \forall \boldsymbol{x},\boldsymbol{y},\boldsymbol{z}\in X \tag{2-13}$$

$$\langle \boldsymbol{x},\alpha\boldsymbol{y}\rangle=\alpha\langle \boldsymbol{x},\boldsymbol{y}\rangle,\quad \forall \alpha\in K,\quad \forall \boldsymbol{x},\boldsymbol{y}\in X \tag{2-14}$$

$$\langle \boldsymbol{x},\boldsymbol{x}\rangle\geqslant 0,\quad \langle \boldsymbol{x},\boldsymbol{x}\rangle=0\Leftrightarrow \boldsymbol{x}=\boldsymbol{0}\in X \tag{2-15}$$

则称$\langle \boldsymbol{x},\boldsymbol{y}\rangle$为$\boldsymbol{x}$与$\boldsymbol{y}$的内积,并称$X$为内积空间。

定义 2-6 在内积空间X中,定义范数为

$$\|\boldsymbol{x}\|=\sqrt{\langle \boldsymbol{x},\boldsymbol{y}\rangle} \tag{2-16}$$

从而$(X,\|\cdot\|)$构成赋范空间。若内积空间按这种方式定义的赋范空间是完备的,则称内积空间是完备内积空间或 Hilbert 空间。

在$\mathbb{R}^n$上定义两个向量$\boldsymbol{x},\boldsymbol{y}$的内积为

$$\langle \boldsymbol{x},\boldsymbol{y}\rangle=\sum_{i=1}^{n}x_i y_i \tag{2-17}$$

引理 2-2 内积满足 Cauchy-Schwarz 不等式

$$|\langle \boldsymbol{x},\boldsymbol{y}\rangle|\leqslant\sqrt{\langle \boldsymbol{x},\boldsymbol{x}\rangle\langle \boldsymbol{y},\boldsymbol{y}\rangle},\quad \boldsymbol{x},\boldsymbol{y}\in X \tag{2-18}$$

若按式(2-16)引入范数,则式(2-18)为

$$|\langle \boldsymbol{x},\boldsymbol{y}\rangle|\leqslant\|\boldsymbol{x}\|\cdot\|\boldsymbol{y}\|,\quad \boldsymbol{x},\boldsymbol{y}\in X \tag{2-19}$$

2.2.2 状态空间方程

相关定义[55]如下。

(1) 状　态

控制系统的状态是指系统过去、现在和将来的状况。

(2) 状态变量

系统的状态变量是指能够完全表征系统运动状态的最小一组变量。所谓完全表征是指:

① 在任何时刻$t=t_0$,这组状态变量的值$x_1(t_0),x_2(t_0),\cdots,x_n(t_0)$就表示系统在该时刻的状态;

② 当$t\geqslant t_0$时的输入$\boldsymbol{u}(t)$给定,且上述初始状态确定时,状态变量能完全确定系统在$t\geqslant t_0$时的行为。

状态变量组的最小性体现在:状态变量$x_1(t),x_2(t),\cdots,x_n(t)$是为完全表征系统行为所必需的最少个数的系统变量,减少变量个数将破坏表征的完整性,而增加变量个数将是完整表征系统行为所不需要的。

(3) 状态向量

若一个系统有n个彼此独立的状态变量$x_1(t),x_2(t),\cdots,x_n(t)$,用它们作为分量所构成的向量$\boldsymbol{x}(t)$,就称为状态向量,即

$$\boldsymbol{x}(t)=\begin{bmatrix} x_1(t) \\ x_2(t) \\ \vdots \\ \boldsymbol{x}_n(t) \end{bmatrix}$$

(4) 状态空间

以状态变量 $x_1(t),x_2(t),\cdots,x_n(t)$为坐标轴构成的 n 维空间称为状态空间。系统在任何时刻的状态都可以用状态空间中一个点来表示。如果给定了初始时刻 t_0 时的状态 $\boldsymbol{x}(t_0)$，就得到状态空间中的一个初始点，随着时间的推移，$\boldsymbol{x}(t)$将在状态空间中描绘出一条轨迹，称为状态轨迹。

(5) 状态方程

把系统的状态变量与输入之间的关系用一组一阶微分方程来描述的数学模型称为状态方程。

(6) 状态空间表达式

状态方程和输出方程组合起来，构成对一个系统动态行为的完整描述，称为系统的状态空间表达式。

(7) 状态空间描述

系统的状态空间描述由状态方程和输出方程组成，状态方程和输出方程称为系统的动态方程。当状态变量、输入变量和输出变量的个数增加时，并不增加状态空间描述在表达式上的复杂性。

① 线性系统的状态空间描述。

线性系统的状态空间描述可表示为以下形式：

$$\begin{cases} \dot{\boldsymbol{x}}=\boldsymbol{A}(t)\boldsymbol{x}+\boldsymbol{B}(t)\boldsymbol{u} \\ \boldsymbol{y}=\boldsymbol{C}(t)\boldsymbol{x}+\boldsymbol{D}(t)\boldsymbol{u} \end{cases} \tag{2-20}$$

式中，各个系数矩阵分别为

$$\boldsymbol{A}(t)=\begin{bmatrix} a_{11}(t) & a_{12}(t) & \cdots & a_{1n}(t) \\ a_{21}(t) & a_{22}(t) & \cdots & a_{2n}(t) \\ \vdots & \vdots & \ddots & \vdots \\ a_{n1}(t) & a_{n2}(t) & \cdots & a_{nn}(t) \end{bmatrix},\quad \boldsymbol{B}(t)=\begin{bmatrix} b_{11}(t) & b_{12}(t) & \cdots & b_{1p}(t) \\ b_{21}(t) & b_{22}(t) & \cdots & b_{2p}(t) \\ \vdots & \vdots & \ddots & \vdots \\ b_{n1}(t) & b_{n2}(t) & \cdots & b_{np}(t) \end{bmatrix}$$

$$\boldsymbol{C}(t)=\begin{bmatrix} c_{11}(t) & c_{12}(t) & \cdots & c_{1n}(t) \\ c_{21}(t) & c_{22}(t) & \cdots & c_{2n}(t) \\ \vdots & \vdots & \ddots & \vdots \\ c_{q1}(t) & c_{q2}(t) & \cdots & c_{qn}(t) \end{bmatrix},\quad \boldsymbol{D}(t)=\begin{bmatrix} d_{11}(t) & d_{12}(t) & \cdots & d_{1p}(t) \\ d_{21}(t) & d_{22}(t) & \cdots & d_{2p}(t) \\ \vdots & \vdots & \ddots & \vdots \\ d_{q1}(t) & d_{q2}(t) & \cdots & d_{qp}(t) \end{bmatrix}$$

可见，系数矩阵 $\boldsymbol{A}(t)$，$\boldsymbol{B}(t)$，$\boldsymbol{C}(t)$和 $\boldsymbol{D}(t)$均为不依赖于状态 $\boldsymbol{x}$ 和输入 $\boldsymbol{u}$ 的矩阵。矩阵 $\boldsymbol{A}(t)$表示了系统内部状态变量之间的联系，取决于被控系统的作用机理、

结构和各项参数，称为系统矩阵；输入矩阵 $\boldsymbol{B}(t)$ 表示各个输入变量如何控制状态变量，故称为控制矩阵；矩阵 $\boldsymbol{C}(t)$ 表示输出变量如何反映状态变量，称为输出矩阵或观测矩阵；矩阵 $\boldsymbol{D}(t)$ 则表示输入对输出的直接作用，称为直接传递矩阵。

在状态空间表达式(2-20)中，一个动态系统的状态向量、输入向量和输出向量自然是时间 t 的函数，而矩阵 $\boldsymbol{A}(t)$，$\boldsymbol{B}(t)$，$\boldsymbol{C}(t)$ 和 $\boldsymbol{D}(t)$ 的各个元素如果与时间 t 有关，则称这种系统是线性时变系统。在系统状态空间表达式(2-20)中，如果矩阵 $\boldsymbol{A}(t)$，$\boldsymbol{B}(t)$，$\boldsymbol{C}(t)$ 和 $\boldsymbol{D}(t)$ 的各个元素都是与时间 t 无关的常数，则称该系统为线性时不变(Linear Time Invariant，LTI)系统或线性定常系统。这时，状态空间表达式为

$$\begin{cases}\dot{\boldsymbol{x}} = \boldsymbol{A}\boldsymbol{x} + \boldsymbol{B}\boldsymbol{u} \\ \boldsymbol{y} = \boldsymbol{C}\boldsymbol{x} + \boldsymbol{D}\boldsymbol{u}\end{cases}$$

式中，各个系数矩阵为常数矩阵。当系统的输出与输入无直接关系(即 $\boldsymbol{D}=\boldsymbol{0}$)时，称为惯性系统；相反，系统的输出与输入有直接关系(即 $\boldsymbol{D}\neq\boldsymbol{0}$)时，称为非惯性系统。大多数控制系统为惯性系统，所以，它们的状态方程为

$$\begin{cases}\dot{\boldsymbol{x}} = \boldsymbol{A}\boldsymbol{x} + \boldsymbol{B}\boldsymbol{u} \\ \boldsymbol{y} = \boldsymbol{C}\boldsymbol{x}\end{cases} \tag{2-21}$$

定义矩阵 $\boldsymbol{A}$ 的特征多项式

$$f(s) = \det(s\boldsymbol{I} - \boldsymbol{A})$$

即

$$f(s) = a_0 s^n + a_1 s^{n-1} + \cdots + a_{n-1} s^1 + a_n \tag{2-22}$$

若 $f(s)=0$ 仅有负实部根，即全部根在左半复平面，则称 $f(s)$ 为 Hurwitz 多项式，相应的矩阵 $\boldsymbol{A}$ 称为 Hurwitz 矩阵。

② 非线性系统的状态空间描述。

在选定的一组状态变量下，称一个系统为非线性系统，当且仅当其状态空间描述为

$$\begin{cases}\dot{\boldsymbol{x}} = \boldsymbol{g}(\boldsymbol{x},\boldsymbol{u},\boldsymbol{t}) \\ \boldsymbol{y} = \boldsymbol{h}(\boldsymbol{x},\boldsymbol{u},\boldsymbol{t})\end{cases}$$

由于实际的动态系统从本质上说是非线性的，因此本书将主要研究以下非线性系统的故障诊断问题。

$$\begin{cases}\dot{\boldsymbol{x}}(t) = \boldsymbol{A}\boldsymbol{x}(t) + \boldsymbol{g}(\boldsymbol{x}) + \boldsymbol{B}\boldsymbol{u}(t), \\ \boldsymbol{y}(t) = \boldsymbol{C}\boldsymbol{x}(t)\end{cases}$$

式中，$\boldsymbol{g}$ 为非线性向量函数。

2.2.3　观测器

由于基于观测器的故障诊断方法取得了非常好的效果，因此需要构建系统的观测器，从而为基于观测器方法的故障诊断奠定基础。下面介绍线性系统的状态观测

器设计[56]，以便为后续的非线性系统故障诊断观测器①设计提供思路。

考虑线性时不变系统模型(2-21)，其中，$\boldsymbol{x}$，$\boldsymbol{u}$ 和 $\boldsymbol{y}$ 分别是系统的 n 维状态向量、m 维控制输入向量和 p 维测量输出向量，$\boldsymbol{A}$，$\boldsymbol{B}$ 和 $\boldsymbol{C}$ 是已知的适当维数常数矩阵。

本节关心的问题是如何基于系统模型(2-21)，通过观测系统的输入输出信息 $\boldsymbol{u}(t)$ 和 $\boldsymbol{y}(t)$ 来确定系统的状态信息 $\boldsymbol{x}(t)$。或者说，如何根据系统模型(2-21)和输入输出信息来人为地构造一个系统，使得其输出 $\hat{\boldsymbol{x}}(t)$ 随着时间的推移逼近系统的真实状态 $\boldsymbol{x}(t)$，即

$$\lim_{t\to\infty}[\hat{\boldsymbol{x}}(t)-\boldsymbol{x}(t)]=\boldsymbol{0}$$

通常称 $\hat{\boldsymbol{x}}(t)$ 为 $\boldsymbol{x}(t)$ 的重构状态或状态估计值，而这个用以实现系统状态重构的系统称为状态观测器。

由于已知系统模型(2-21)，故可以根据该模型构造一个完全相同的模型

$$\dot{\hat{\boldsymbol{x}}}(t)=\boldsymbol{A}\hat{\boldsymbol{x}}(t)+\boldsymbol{B}\boldsymbol{u}(t) \tag{2-23}$$

由于这个系统是人为构造的，故其状态 $\hat{\boldsymbol{x}}$ 是可以直接测量到的。下面来分析 $\hat{\boldsymbol{x}}$ 是否可以作为系统状态 $\boldsymbol{x}$ 的估计值，为此，分析误差 $\boldsymbol{e}=\boldsymbol{x}-\hat{\boldsymbol{x}}$ 的动态行为。由式(2-21)和式(2-23)可知，误差 $\boldsymbol{e}$ 满足 $\dot{\boldsymbol{e}}=\boldsymbol{A}\boldsymbol{e}$，其解为

$$\boldsymbol{e}(t)=\boldsymbol{e}^{At}\boldsymbol{e}(0)$$

若系统的初始状态 $\boldsymbol{x}(0)$ 是已知的，则可选取 $\hat{\boldsymbol{x}}(0)=\boldsymbol{x}(0)$，从而 $\boldsymbol{e}(0)=0$。因此，$\boldsymbol{e}(t)=0$，即对所有的时间 t，有 $\hat{\boldsymbol{x}}(t)=\boldsymbol{x}(t)$，从而可以实现系统状态的重构，人为构造的系统(2-23)就是一个状态观测器。

以上这种状态估计的处理方法没有用到任何反馈的机制，故称为状态估计的开环处理方法。

但在实际工程中，这种开环状态估计器是不能付诸使用的，因为它存在以下问题：一方面，初始状态 $\boldsymbol{x}(0)$ 往往是未知的，从而难以确定式(2-23)的初始状态；另一方面，即使系统的状态可以直接测量得到，也往往会存在测量误差、测量成本等问题。所以，$\hat{\boldsymbol{x}}(t)$ 就不会趋向于系统真实状态 $\boldsymbol{x}(t)$，从而不能实现状态的重构。而且，在实际问题中，系统模型(2-21)仅仅是被控对象的一个近似描述。因此，模型(2-21)并不能精确地反映系统的变化行为，是系统的不精确模型。由此可知，即使在系统初始状态可以测量得到的情况下，基于系统的不精确模型(2-21)构建的状态估计模型(2-23)所得到的状态估计值 $\hat{\boldsymbol{x}}(t)$ 和实际系统的真实状态也会存在误差。

如何才能根据系统模型得到实际系统状态尽可能精确的估计值？一方面，可以用输出误差 $\boldsymbol{y}-\hat{\boldsymbol{y}}$ 来校正状态估计模型(2-23)；另一方面，为了在校正估计模型过

① 本章介绍的观测器为全维观测器。

程中反映这一误差各分量的不同作用，可以对误差做适当加权。

由于在这一过程中应用了反馈校正思想，故这种方法称为状态估计的闭环处理方法。引进了反馈校正后，状态估计模型(2-23)变为

$$\begin{aligned}\dot{\hat{\boldsymbol{x}}} &= \boldsymbol{A}\hat{\boldsymbol{x}} + \boldsymbol{B}\boldsymbol{u} + \boldsymbol{L}(\boldsymbol{y} - \boldsymbol{C}\hat{\boldsymbol{x}}) \\ &= (\boldsymbol{A} - \boldsymbol{L}\boldsymbol{C})\hat{\boldsymbol{x}} + \boldsymbol{B}\boldsymbol{u} + \boldsymbol{L}\boldsymbol{y}\end{aligned} \tag{2-24}$$

式中，$\hat{\boldsymbol{x}}$ 是观测器的 n 维状态；$\boldsymbol{L}$ 是一个 $n \times p$ 维的待定矩阵，它是误差信号的加权矩阵。

为了考虑状态估计模型是否能实现系统状态的重构，以及其状态 $\hat{\boldsymbol{x}}$ 对系统实际状态 $\boldsymbol{x}$ 的近似程度，还是先来考虑误差 $\boldsymbol{e} = \boldsymbol{x} - \hat{\boldsymbol{x}}$ 的动态变化情况。利用式(2-21)和式(2-24)，可得

$$\dot{\boldsymbol{e}} = \dot{\boldsymbol{x}} - \dot{\hat{\boldsymbol{x}}} = (\boldsymbol{A} - \boldsymbol{L}\boldsymbol{C})\boldsymbol{e} \tag{2-25}$$

根据线性时不变系统的稳定性结论，若矩阵 $\boldsymbol{A} - \boldsymbol{L}\boldsymbol{C}$ 的所有特征值均在左半开复平面中，即矩阵 $\boldsymbol{A} - \boldsymbol{L}\boldsymbol{C}$ 的所有特征值都具有负实部，则误差动态系统(2-25)是渐近稳定的，从而对任意的初始误差 $\boldsymbol{e}(0)$，随着时间 $t \to \infty$，误差向量 $\boldsymbol{e}(t)$ 都将趋向于零。由此可见，只要通过适当选取矩阵 $\boldsymbol{L}$，使得矩阵 $\boldsymbol{A} - \boldsymbol{L}\boldsymbol{C}$ 的所有特征值都具有负实部，则状态估计模型(2-24)就是系统模型(2-21)的一个状态观测器。

具有模型(2-24)结构的状态观测器称为 Luenberger 观测器，$\boldsymbol{L}$ 称为观测器增益矩阵，$\boldsymbol{A} - \boldsymbol{L}\boldsymbol{C}$ 的特征值又称观测器的极点。该观测器模型充分利用了对象模型的信息（即利用了模型(2-21)的阶次和系数矩阵），但对对象的初始状态信息没有任何要求。

2.2.4 稳定性理论

1. 相关定义[55]

(1) 自治系统

在研究稳定性问题时，常限于研究没有指定输入作用的系统，通常称这类系统为自治系统。在一般情况下，自治系统可用如下方程描述：

$$\dot{\boldsymbol{x}} = \boldsymbol{f}(\boldsymbol{x}, t), \quad t \geqslant t_0, \quad \boldsymbol{x}(t_0) = \boldsymbol{x}_0 \tag{2-26}$$

式中，$\boldsymbol{x}$ 为 n 维状态向量，$\boldsymbol{f}$ 为 n 维向量函数。如果系统是线性的，那么式(2-26)中将不显含 t；如果系统是线性的，那么式(2-26)中的 $\boldsymbol{f}$ 为 $\boldsymbol{x}$ 的向量线性函数。

(2) 受扰系统

假定状态方程(2-26)满足解的存在性、唯一性条件，并且在初始条件下，解是连续相关的，那么就可将其由初始时刻 t_0 的初始状态 $\boldsymbol{x}_0$ 所引起的运动表示为

$$\boldsymbol{x}(t) = \boldsymbol{\phi}(t; \boldsymbol{x}_0, t_0), \quad t \geqslant t_0 \tag{2-27}$$

式(2-27)是时间 t 和 $\boldsymbol{x}_0, t_0$ 的函数，显然有 $\boldsymbol{\phi}(t_0; \boldsymbol{x}_0, t_0) = \boldsymbol{x}_0$，通常称此 $\boldsymbol{x}(t)$ 为系统

的受扰运动。实质上,它等同于系统状态的零输入响应。不难理解,$\boldsymbol{x}(t)$是从 n 维状态空间中某一点出发的轨迹。

(3) 平衡状态

在式(2-26)所描述的系统中,如果对于所有的 t 总存在着

$$\boldsymbol{f}(\boldsymbol{x}_{\mathrm{e}},t)=\boldsymbol{0} \tag{2-28}$$

则称 $\boldsymbol{x}_{\mathrm{e}}$ 为系统的平衡状态。如果系统是线性定常的,则

$$\boldsymbol{f}(\boldsymbol{x}_{\mathrm{e}},t)=\boldsymbol{A}\boldsymbol{x} \tag{2-29}$$

式中,$\boldsymbol{A}$ 为$n\times n$ 矩阵。当$\boldsymbol{A}$ 非奇异时,系统存在唯一的平衡状态,而当$\boldsymbol{A}$ 奇异时,则存在无穷多个平衡状态。这些平衡状态对应系统的常数解,对于所有的 t,$\boldsymbol{x}\equiv\boldsymbol{x}_{\mathrm{e}}$。显然,平衡状态的确定,不可能包含系统微分方程(2-26)的所有解,而只是代数方程(2-28)的解。如果平衡状态彼此是孤立的,则称它们为孤立平衡状态(孤立平衡点)。通过坐标变换可以将任何一个孤立平衡状态移动到坐标原点,即 $\boldsymbol{f}(\boldsymbol{0},t)=0$。因此,本书只讨论这种平衡状态的稳定性、渐近稳定性和不稳定问题。在 n 维平衡状态 $\boldsymbol{x}_{\mathrm{e}}$ 周围,半径为 k 的超球域表示为

$$\|\boldsymbol{x}-\boldsymbol{x}_{\mathrm{e}}\|\leqslant k$$

这里,$\|\boldsymbol{x}-\boldsymbol{x}_{\mathrm{e}}\|=[(x_1-x_{1\mathrm{e}})^2+(x_2-x_{2\mathrm{e}})^2+\cdots+(\boldsymbol{x}_n-x_{n\mathrm{e}})^2]1/2$,称为 Euclid 范数。

(4) 稳　定

如果对给定的任一实数 $\varepsilon>0$,都对应地存在一个实数 $\delta(\varepsilon,t_0)>0$,使得由满足不等式

$$\|\boldsymbol{x}_0-\boldsymbol{x}_{\mathrm{e}}\|\leqslant\delta(\varepsilon,t_0),\quad t\geqslant t_0 \tag{2-30}$$

的任一初始状态 $\boldsymbol{x}_0$ 出发的受扰运动都满足不等式

$$\|\boldsymbol{\phi}(t;\boldsymbol{x}_0,t_0)-\boldsymbol{x}_{\mathrm{e}}\|\leqslant\varepsilon,\quad t\geqslant t_0 \tag{2-31}$$

则称 $\boldsymbol{x}_{\mathrm{e}}$ 在 Lyapunov 意义下是稳定的。

不失一般性,假定原点为平衡点。如果从几何上解释这个定义,则可以这样来理解:当在 n 维状态空间中指定一个以原点为圆心,以任意给定的正实数 ε(即前面所提到的范数)为半径的一个超球域 $S(\varepsilon)$时,若存在另一个与之对应的以 $\boldsymbol{x}_{\mathrm{e}}$ 为球心,$\delta(\varepsilon,t_0)$为半径的超球域 $S(\delta)$,且满足由 $S(\delta)$中的任一点出发的运动轨线 $\boldsymbol{\Phi}(t;\boldsymbol{x}_0,t_0)$对于所有的 $t\geqslant t_0$ 都不超出球域 $S(\varepsilon)$,那么就称原点的平衡状态 $\boldsymbol{x}_{\mathrm{e}}$是 Lyapunov 意义下稳定的。

(5) 一致稳定

在上面的论述中,$\delta(\varepsilon,t_0)$表示δ 的选取是依据初始时刻t_0 和实数ε 的选取而定的,如果 δ 只依赖于ε 而和 t_0 的选取无关,则进一步称平衡状态 $\boldsymbol{x}_{\mathrm{e}}$ 是一致稳定的。显然对于定常系统,稳定和一致稳定是等价的。通常要求系统是一致稳定的,以便在任意初始时刻 t_0 出现的受扰运动都是 Lyapunov 意义下稳定的。

(6) 渐近稳定

如果平衡状态 $\boldsymbol{x}_e$ 是 Lyapunov 意义下稳定的，并且对于 $\delta(\varepsilon,t_0)$ 和任意给定的实数 $\mu>0$，对应地存在实数 $T(\mu,\delta,t_0)>0$，使得由满足不等式(2-30)的任一初态 $\boldsymbol{x}_0$ 出发的受扰运动都满足不等式

$$\|\boldsymbol{\phi}(t;\boldsymbol{x}_0,t_0)-\boldsymbol{x}_e\|\leqslant\mu,\quad \forall t\geqslant t_0+T(\mu,\delta,t_0) \tag{2-32}$$

则称平衡状态 $\boldsymbol{x}_e$ 是渐近稳定的。随着 $\mu\to0$，显然有 $T\to\infty$，因此原点的平衡状态 $\boldsymbol{x}_e$ 为渐近稳定时，式(2-33)必成立。

$$\lim_{t\to0}\boldsymbol{\phi}(t;\boldsymbol{x}_0,t_0)=0,\quad \forall \boldsymbol{x}_0\in S(\delta) \tag{2-33}$$

进一步，如果实数 δ 和 T 的大小都不依赖于初始时刻 t_0，则称平衡状态 $\boldsymbol{x}_e$ 是一致渐近稳定的。同样容易理解，定常系统的一致渐近稳定和渐近稳定也是等价的。从实际应用的角度看，渐近稳定要比稳定重要，一致渐近稳定又比渐近稳定重要。

(7) 不稳定

如果平衡状态既不是稳定的，也不是渐近稳定的，则称此平衡状态为不稳定的。即在不稳定平衡状态的情况下，对于某个实数 $\varepsilon>0$ 和任意一个无论多么小的实数 $\delta>0$，在超球域 $S(\delta)$ 内始终存在状态 x_0，使得从该状态开始的受扰运动要突破超球域 $S(\varepsilon)$。

2. Lyapunov 稳定性理论

俄国学者 Lyapunov 于 1892 年发表的《运动稳定性的一般问题》论文中，建立了关于稳定性问题的一般理论，作者把分析由常微分方程组所描述的动力学系统稳定性的方法归纳为在本质上不同的两类，即通常所称的 Lyapunov 第一方法和第二方法。本书主要用到 Lyapunov 第二方法，因此，下面介绍 Lyapunov 第二方法。

Lyapunov 第二方法又称直接法，它的基本特点是不必求解系统的状态方程，就能对其在平衡点处的稳定性进行分析并做出判断，且这种判断是准确的，不包含近似。

由经典的力学理论可知：对于一个振动系统，如果它的总能量(这是一个标量函数)随着时间的推移而不断地减少，也就是说，若其总能量对时间的导数小于零，则振动将逐渐衰减，而当此总能量达到最小值时，振动将会稳定下来，或者完全消失。Lyapunov 第二方法就是建立在这样一个直观但又更为普遍的物理事实之上的。即如果系统有一个渐近稳定的平衡状态，那么当它转移到该平衡状态的邻域内时，系统所具有的能量随着时间的增加而逐渐减少，直到在平衡状态达到最小值。然而就一般的系统而言，未必一定能得到一个“能量函数”，对此，Lyapunov 引入了一个虚构的广义能量函数来判断系统平衡状态的稳定性，这个虚构的广义能量函数被称为 Lyapunov 函数，记为 $V(\boldsymbol{x},t)$。这样，对于一个给定的系统只要能构造出一个正定的标量函数，并且该函数对时间的导数为负定的，那么这个系统在平衡状态处就是渐近稳定的。无疑，Lyapunov 函数比能量函数更具有一般性，从而它的应用范围也更

加广泛。当然，该函数需要自己去构造。

Lyapunov 函数与 $x_1,x_2,\cdots,x_n$ 及 t 有关，用 $V(x_1,x_2,\cdots,x_n,t)$ 或者简单地用 $V(\boldsymbol{x},t)$ 来表示。如果在 Lyapunov 函数中不显含 t，就用 $V(x_1,x_2,\cdots,x_n)$ 或 $V(\boldsymbol{x})$ 来表示。在 Lyapunov 第二方法中，$V(\boldsymbol{x},t)$ 的特征和它对时间的导数 $\dot{V}(\boldsymbol{x},t)$ 提供了判断平衡状态处的稳定信息，而无须求解方程。

需要指出的是，直至目前，虽然 Lyapunov 稳定性理论的研究一直为人们所重视，并且已经有了许多卓有成效的结果，但是，还没有一个简便的寻求 Lyapunov 函数的统一方法。

如果用比较严谨的数学语言来表述上面建立在直观意义下的 $V(\boldsymbol{x})$，则可以归纳成以下说法：如果标量函数 $V(\boldsymbol{x})$ 是正定的，这里的 $\boldsymbol{x}$ 是 n 维状态向量，那么满足 $V(\boldsymbol{x})=C$ 的状态 $\boldsymbol{x}$ 处于 n 维状态空间中至少位于原点邻域内的封闭超曲面上。式中的 C 是一个正常数。如果随着 $\|\boldsymbol{x}\|\rightarrow\infty$，有 $V(\boldsymbol{x})\rightarrow\infty$，那么上述封闭曲面可扩展到整个状态空间。如果 $C_1<C_2$，则超曲面 $V(\boldsymbol{x})=C_1$ 将完全处于超曲面 $V(\boldsymbol{x})=C_2$ 的内部。

对于一个给定的系统，如果能够找到一个正定的标量函数，它沿着轨迹对时间的导数总是负值，则随着时间的增加，$V(\boldsymbol{x})$ 取的 C 值越来越小，随着时间的进一步增加，最终将导致 $V(\boldsymbol{x})$ 变为零，$\boldsymbol{x}$ 也变为零。这意味着状态空间的原点是渐近稳定的。

定义 2-7[61]　考虑以下动态系统

$$\dot{\boldsymbol{x}}=\boldsymbol{h}(\boldsymbol{x}) \tag{2-34}$$

式中，$\boldsymbol{x}\in\boldsymbol{U}$，$\boldsymbol{x}(0)=\boldsymbol{x}_0$，$\boldsymbol{h}:\boldsymbol{U}\rightarrow\mathbb{R}^n$ 是定义在原点邻域 $\boldsymbol{U}\subset\mathbb{R}^n$ 上的连续映射，式(2-34)的零解是有限时间收敛的，如果存在原点邻域 $\boldsymbol{U}_0\subset\boldsymbol{U}$ 与泛函 $T_m:\boldsymbol{U}_0\backslash\{\boldsymbol{0}\}\rightarrow(0,\infty)$，使得 $\forall\boldsymbol{x}_0\in\boldsymbol{U}_0$，从初始点 $\boldsymbol{x}_0\in\boldsymbol{U}_0\backslash\{\boldsymbol{0}\}$ 出发的解 $\boldsymbol{x}(t,\boldsymbol{x}_0)$ 在 $t\in[0,T_m(\boldsymbol{x}_0))$ 上是唯一的，而且有 $\lim\limits_{t\rightarrow T_m(\boldsymbol{x}_0)}\boldsymbol{x}(t,\boldsymbol{x}_0)=\boldsymbol{0}$。那么，$T_m(\boldsymbol{x}_0)$ 称为停息时间。式(2-34)的零解是有限时间稳定的，若此零解是 Lyapunov 稳定的，且同时是有限时间收敛的。

引理 2-3 在证明式(2-34)的零解是有限时间稳定时非常有用。

引理 2-3[62]　假设存在一个定义在原点邻域 $\boldsymbol{U}$ 上的连续可微泛函 $V:\boldsymbol{U}\rightarrow\mathbb{R}$，若存在实数 $c>0$ 与 $\beta\in(0,1)$，以及原点邻域 $\boldsymbol{U}_0\subset\boldsymbol{U}$，使得 V 在 $\boldsymbol{U}_0$ 上是正定的，$\dot{V}+cV^{\beta}$ 沿式(2-34)在 $\boldsymbol{U}_0$ 上半负定，那么式(2-34)的零解是有限时间稳定的。

2.2.5　滑模变结构控制理论

1. 基本原理[54]

滑模变结构控制是变结构控制系统的一种控制策略。这种控制策略与常规控制的根本区别在于控制的不连续性，即一种使系统"结构"随时间变化的开关特性。该控制特性可以迫使系统在一定特性下沿规定的状态轨迹做小幅度、高频率的上下运动，即滑动模态或滑动模态运动。这种滑动模态是可以设计的，且与系统的参数及扰动无关。这样，处于滑动模态运动的系统就具有很好的鲁棒性。

滑动模态定义及数学表达如下。

考虑一般情况下的非线性控制系统

$$\dot{\boldsymbol{x}} = \boldsymbol{f}(\boldsymbol{x}, \boldsymbol{u}, t) \tag{2-35}$$

式中，$\boldsymbol{x} \in \mathbb{R}^n$，$\boldsymbol{u} \in \mathbb{R}^m$ 分别为系统的状态和控制输入。

在式(2-35)的状态空间表达式中，有一个切换面（通常是超平面或 M 维流形）$s(\boldsymbol{x}, t) = s(x_1, x_2, \cdots, \boldsymbol{x}_n, t) = 0$。

控制输入 $\boldsymbol{u} = \boldsymbol{u}(\boldsymbol{x}, t)$ 按下列逻辑在切换流形 $s(\boldsymbol{x}, t) = 0$ 上进行切换：

$$u_i(\boldsymbol{x}, t) = \begin{cases} u_i^+(\boldsymbol{x}, t), & s_i(\boldsymbol{x}, t) > 0 \\ u_i^-(\boldsymbol{x}, t), & s_i(\boldsymbol{x}, t) < 0 \end{cases}, \quad i = 1, 2, \cdots, m \tag{2-36}$$

式中，$u_i(\boldsymbol{x}, t)$，$s_i(\boldsymbol{x}, t)$ 分别为 $\boldsymbol{u}(\boldsymbol{x}, t)$，$s(\boldsymbol{x}, t)$ 的第 i 个分量；$u_i^+(\boldsymbol{x}, t)$，$u_i^-(\boldsymbol{x}, t)$ 及 $s_i(\boldsymbol{x}, t)$ 为光滑的连续函数。$s(\boldsymbol{x}, t)$ 称为切换函数，一般情况下其维数等于控制向量维数。

若式(2-35)为单输入非线性控制系统，即

$$\dot{\boldsymbol{x}} = \boldsymbol{f}(\boldsymbol{x}, \boldsymbol{u}, t) \tag{2-37}$$

式中，$\boldsymbol{x} \in \mathbb{R}^n$，$\boldsymbol{u} \in \mathbb{R}$ 分别为系统的状态和控制输入。它将状态空间分成上下两部分，即 $s > 0$ 及 $s < 0$。在切换面上的运动点有三种情况，这三种点分别介绍如下。

① 通常点：系统运动点到达切换面 $s = 0$ 附近时并不停留在切换面上，而是穿越此点而过；

② 起始点：系统运动点到达切换面 $s = 0$ 附近时，从切换面的两边离开该点；

③ 终止点：系统运动点到达切换面 $s = 0$ 附近时，从切换面的两边趋向于该点。

在滑模变结构控制中，通常点与起始点无多大意义，而终止点却有特殊的含义。因为如果在切换面上某一区域内所有的运动点都是终止点，则一旦运动点趋于该区域，就会被"吸引"到该区域内运动。此时，称切换面 $s = 0$ 上所有的运动点均是终止点的区域为滑动模态区。系统在滑动模态区中的运动称为滑模运动。

按照滑动模态区的运动点都必须是终止点这一要求，当运动点到达切换面 $s = 0$ 附近时，必有

$$\lim_{s \to 0^+} \dot{s} \leqslant 0, \quad \lim_{s \to 0^-} \dot{s} \geqslant 0 \tag{2-38}$$

或者

$$\lim_{s \to 0^+} \dot{s} \leqslant 0 \leqslant \lim_{s \to 0^-} \dot{s} \tag{2-39}$$

也可以写成

$$\lim_{s\to 0^+} s\dot{s} \leqslant 0 \tag{2-40}$$

不等式(2-40)对非线性控制系统(2-35)提出了一个形如

$$V(x_1,x_2,\cdots,x_n,t)=[s(x_1,x_2,\cdots,x_n,t)]^2 \tag{2-41}$$

的 Lyapunov 函数的必要条件。由于在切换面邻域内式(2-41)是正定的，而式(2-40)的导数是负半定的，也就是说在 $s=0$ 附近 V 是一个非增函数，因此，如果满足式(2-40)，则式(2-41)是系统的一个条件 Lyapunov 函数。系统本身也就稳定于条件 $s=0$。

2. 滑模变结构控制的定义

考虑非线性控制系统(2-35)，需要确定切换函数 s，求解控制函数

$$u_i(\boldsymbol{x},t)=\begin{cases}u_i^+(\boldsymbol{x},t), & s_i(\boldsymbol{x},t)>0\\ u_i^-(\boldsymbol{x},t), & s_i(\boldsymbol{x},t)<0\end{cases} \tag{2-42}$$

式中，$u^+(\boldsymbol{x},t)\neq u^-(\boldsymbol{x},t)$，使得：

① 滑动模态存在，即式(2-42)成立；

② 满足可达性条件，在切换面 $s=0$ 以外的运动点都将于有限的时间内到达切换面；

③ 保证滑模运动的稳定性；

④ 达到控制系统的动态品质要求。

上面的前三点是滑模变结构控制的三个基本条件，只有满足了这三个条件的控制才能被称为滑模变结构控制。

2.2.6　线性矩阵不等式

线性矩阵不等式的一般表示[63]如下。

一个线性矩阵不等式(Linear Matrix Inequality，LMI)就是具有形式

$$\boldsymbol{F}(x)=\boldsymbol{F}_0+x_1\boldsymbol{F}_1+\cdots+x_m\boldsymbol{F}_m<\boldsymbol{0} \tag{2-43}$$

的表达式。其中 $x_1,\cdots,x_m$ 是 m 个实数变量，称为线性矩阵不等式(2-43)的决策变量，$\boldsymbol{x}=(x_1,\cdots,x_m)^{\mathrm{T}}\in\mathbb{R}^m$ 是由决策变量构成的向量，称为决策向量，$\boldsymbol{F}_i=\boldsymbol{F}_i^{\mathrm{T}}\in\mathbb{R}^{n\times n}$，$i=0,1,\cdots,m$ 是一组给定的实对称矩阵，式(2-43)中的不等号"<"指的是矩阵 $\boldsymbol{F}(\boldsymbol{x})$ 是负定的，即对所有非零的向量 $\boldsymbol{v}\in\mathbb{R}^n$，$\boldsymbol{v}^{\mathrm{T}}\boldsymbol{F}(\boldsymbol{x})\boldsymbol{v}<\boldsymbol{0}$，或者 $\boldsymbol{F}(\boldsymbol{x})$ 的最大特征值小于零。

如果把 $\boldsymbol{F}(x)$ 看成从 $\mathbb{R}^m$ 到实对称矩阵集 $S^n=\{\boldsymbol{M}:\boldsymbol{M}=\boldsymbol{M}^{\mathrm{T}}\in\mathbb{R}^{n\times n}\}$ 的一个映射，则可以看出 $\boldsymbol{F}(\boldsymbol{x})$ 并不是一个线性函数，而只是一个仿射函数。因此，更确切地说，不等式(2-43)应该称为一个仿射矩阵不等式。但由于历史原因，目前线性矩阵不等式这一名称已被广泛接受和使用。

在许多将非线性矩阵不等式转化成线性矩阵不等式的问题中，常常用到矩阵的

Schur 补性质。考虑一个矩阵 $\boldsymbol{S}\in\mathbb{R}^{n\times n}$,并将 $\boldsymbol{S}$ 进行分块

$$\boldsymbol{S}=\begin{bmatrix}\boldsymbol{S}_{11} & \boldsymbol{S}_{12}\\ \boldsymbol{S}_{21} & \boldsymbol{S}_{22}\end{bmatrix}$$

式中,$\boldsymbol{S}_{11}$ 是 $r\times r$ 维的。假定 $\boldsymbol{S}_{11}$ 是非奇异的,则 $\boldsymbol{S}_{22}-\boldsymbol{S}_{12}^{\mathrm{T}}\boldsymbol{S}_{11}^{-1}\boldsymbol{S}_{12}$ 称为 $\boldsymbol{S}_{11}$ 在 $\boldsymbol{S}$ 中的 Schur 补。引理 2-4 给出了矩阵的 Schur 补性质。

引理 2-4 对给定的对称矩阵 $\boldsymbol{S}=\begin{bmatrix}\boldsymbol{S}_{11} & \boldsymbol{S}_{12}\\ \boldsymbol{S}_{21} & \boldsymbol{0}_{22}\end{bmatrix}$,其中 $\boldsymbol{S}_{11}$ 是 $r\times r$ 维的,以下三个条件是等价的:

① $\boldsymbol{S}<\boldsymbol{0}$;

② $\boldsymbol{S}_{11}<\boldsymbol{0},\boldsymbol{S}_{22}-\boldsymbol{S}_{12}^{\mathrm{T}}\boldsymbol{S}_{11}^{-1}\boldsymbol{S}_{12}<\boldsymbol{0}$;

③ $\boldsymbol{S}_{22}<\boldsymbol{0},\boldsymbol{S}_{11}-\boldsymbol{S}_{12}\boldsymbol{S}_{22}^{-1}\boldsymbol{S}_{12}^{\mathrm{T}}<\boldsymbol{0}$。

对线性矩阵不等式 $\boldsymbol{F}(\boldsymbol{x})<\boldsymbol{0}$,有 $\boldsymbol{F}(\boldsymbol{x})=\begin{bmatrix}\boldsymbol{F}_{11}(\boldsymbol{x}) & \boldsymbol{F}_{12}(\boldsymbol{x})\\ \boldsymbol{F}_{21}(\boldsymbol{x}) & \boldsymbol{F}_{22}(\boldsymbol{x})\end{bmatrix}$,式中,$\boldsymbol{F}_{11}(\boldsymbol{x})$是方阵。则应用矩阵的 Schur 补性质可以得到:$\boldsymbol{F}(\boldsymbol{x})<\boldsymbol{0}$ 当且仅当

$$\begin{cases}\boldsymbol{F}_{11}(\boldsymbol{x})<\boldsymbol{0}\\ \boldsymbol{F}_{22}(\boldsymbol{x})-\boldsymbol{F}_{12}^{\mathrm{T}}(\boldsymbol{x})\boldsymbol{F}_{11}^{-1}(\boldsymbol{x})\boldsymbol{F}_{12}(\boldsymbol{x})<\boldsymbol{0}\end{cases}\tag{2-44}$$

或

$$\begin{cases}\boldsymbol{F}_{22}(\boldsymbol{x})<\boldsymbol{0}\\ \boldsymbol{F}_{11}(\boldsymbol{x})-\boldsymbol{F}_{12}(\boldsymbol{x})\boldsymbol{F}_{22}^{-1}(\boldsymbol{x})\boldsymbol{F}_{12}^{\mathrm{T}}(\boldsymbol{x})<\boldsymbol{0}\end{cases}\tag{2-45}$$

注意到式(2-44)或式(2-45)中的第二个不等式是一个非线性矩阵不等式,因此以上的等价关系也说明了应用矩阵的 Schur 补性质,一些非线性矩阵不等式可以转化为线性矩阵不等式。

在一些控制问题中,经常遇到二次型矩阵不等式:

$$\boldsymbol{A}^{\mathrm{T}}\boldsymbol{P}+\boldsymbol{PA}+\boldsymbol{PBR}^{-1}\boldsymbol{B}^{\mathrm{T}}\boldsymbol{P}+\boldsymbol{Q}<\boldsymbol{0}\tag{2-46}$$

式中,$\boldsymbol{A},\boldsymbol{B},\boldsymbol{Q}=\boldsymbol{Q}^{\mathrm{T}}>\boldsymbol{0},\boldsymbol{R}=\boldsymbol{R}^{\mathrm{T}}>\boldsymbol{0}$ 是给定的适当维数的常数矩阵,$\boldsymbol{P}$ 是对称矩阵变量,则应用引理 2-4,可以将矩阵不等式(2-46)的可行性问题转化成一个等价的矩阵不等式

$$\begin{bmatrix}\boldsymbol{A}^{\mathrm{T}}\boldsymbol{P}+\boldsymbol{PA}+\boldsymbol{Q} & \boldsymbol{PB}\\ \boldsymbol{B}^{\mathrm{T}}\boldsymbol{P} & -\boldsymbol{R}\end{bmatrix}<\boldsymbol{0}\tag{2-47}$$

的可行性问题,而后者是一个关于矩阵变量 $\boldsymbol{P}$ 的线性矩阵不等式。

2.2.7 模糊理论

模糊理论的出现为系统控制的研究提供了很广阔的平台,数学领域算法的不断扩展研究,丰富了非线性系统的稳定性控制方式[57]。

模糊系统主要利用数学方法确定一个实际系统中的不确定信息。模糊逻辑是传统逻辑的一个超集,它允许部分隶属,且不仅仅是明确的隶属函数。何为模糊,字面解释即不清楚的、难以辨认的,但事实上,模糊逻辑不是衡量系统不确定性的指标,而是描述不确定关系或模糊系统的准确方法。当无法准确描述实际测量值时,可以使用语言变量来描述控制问题中的这些测量值。因此,模糊逻辑可以被视为一种语言表达,一种代表不确定系统的工具。

通过对模糊逻辑的简要介绍,模糊系统可以定义如下:运用模糊逻辑,基于模糊输入计算精确输出的系统,称为模糊系统。也可表述为模糊系统是从模糊输入空间到精确输出空间的数学映射。模糊理论将实际的、复杂、不确定的系统和精确的数学描述联系起来。

根据主要组成部分,模糊系统可分为模糊集、隶属函数、知识库、解模糊、模糊推理。模糊控制系统框图如图 2-1 所示。

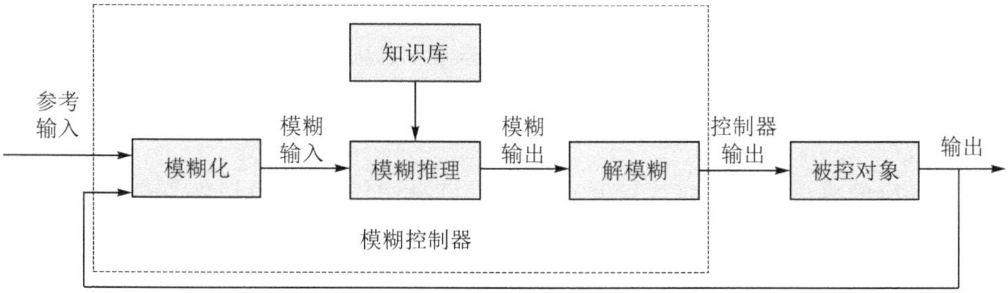

图 2-1　模糊控制系统框图

1. 模糊集

将某个属性明确的、互相之间可以区分的全部事物定义为广义集合。所谓经典集,它必须完全包含或不包含该集合中的某个给定元素。而模糊集与经典集不同的是,它并无明确的边界,即模糊集可以部分包含一个元素。

2. 隶属函数

常见的隶属函数主要是三角函数、高斯函数、Sigmoid 函数、梯形函数及钟形函数等。实际上,它们处理的皆是有确定输入的系统,这时隶属函数起到将准确数据转化为模糊输入的作用,因为隶属函数决定了控制输入归属于哪个模糊集,以及与该模糊集的契合程度。

3. 模糊化

模糊化是将确定的控制输入转变为模糊输入的过程。它可以视为从模糊空间到实值空间的映射,主要将输入变量转换为模糊量,也对应于隶属函数的值。

4. 知识库

知识库又称规则库,代表存储在模糊系统中的经验知识,通常使用条件句:

IF x is A，THEN y is B

其中，A 与 B 分别表示在输入与输出允许范围内定义的模糊集。模糊规则的前板块称为模糊前件，剩下的部分称为模糊后件，合并起来称为模糊命题。

5. 模糊推理

模糊推理将模糊规则库中的 IF－THEN 规则转换为从给定模糊输入到模糊输出的映射。因此，模糊推理是使用一系列规则进行推理的过程。

6. 解模糊

解模糊可以称为去模糊化或精确化，去模糊化的输出是模糊系统输出范围内的值。

1985 年，日本学者 Takagi 和 Sugeno 提出了一种模糊推理模型，该模型特别适用于局部线性、能够分段进行控制的系统，这就是 T－S 模糊推理模型。

T－S 模糊推理模型输出的是清晰值或输入量的函数，不需要经过清晰化过程就可以直接用于推动控制机构，更便于对它进行数学分析。这个模糊推理模型不仅可以用于模糊控制器，还可以逼近任意非线性系统，适用于一般的模糊系统。由于它的输出是数值函数，能和经典控制系统一样进行数学分析，因此更便于对整个系统进行定量研究。

T－S 模糊模型在非线性系统建模方面有自身的优势，它可以将复杂的非线性系统近似描述成一些简单的线性子系统，将这些线性化模型通过模糊隶属度函数连接起来就可以得到系统的全局模糊化模型，其具体表述形式如下[58]。

Rule i：

IF $z_1(t)$ is μ_{i1}，and …，and $z_s(t)$ is μ_{is}，THEN

$$\begin{cases}\dot{\boldsymbol{x}}(t)=\boldsymbol{A}_i\boldsymbol{x}(t)+\boldsymbol{B}_i\boldsymbol{u}(t)\\ \boldsymbol{y}(t)=\boldsymbol{C}_i\boldsymbol{x}(t)\end{cases}\tag{2-48}$$

其中，$\mu_{ij}(i=1,2,\cdots,q,\ j=1,2,\cdots,s)$为模糊集合，$q$ 为模糊规则数，j 为前件变量的个数，$z_j(t)(j=1,2,\cdots,s)$是已知的模糊推理前件变量，它们可以是状态变量、外界或者时间的函数；$\boldsymbol{x}\in\mathbb{R}^n$ 为系统的状态向量，$\boldsymbol{u}\in\mathbb{R}^m$ 为系统的控制输入向量，$\boldsymbol{y}\in\mathbb{R}^p$ 为系统的输出向量。$\boldsymbol{A}_i$，$\boldsymbol{B}_i$，$\boldsymbol{C}_i$ 为适当维数的常值矩阵。

每一条规则的结论部分称为子系统，然后通过单点模糊化、乘积推理机、中心平均去模糊化等模糊推理方法，将 q 个简单的系统模型转化为

$$\begin{cases}\dot{\boldsymbol{x}}(t)=\sum_{i=1}^{q}h_i(\boldsymbol{z}(t))\left[\boldsymbol{A}_i\boldsymbol{x}(t)+\boldsymbol{B}_i\boldsymbol{u}(t)\right]\\ \boldsymbol{y}(t)=\sum_{i=1}^{q}h_i(\boldsymbol{z}(t))\boldsymbol{C}_i\boldsymbol{x}(t)\end{cases}\tag{2-49}$$

式中

$$\boldsymbol{z}(t)=[z_1(t),\cdots,z_s(t)],\quad h_i(\boldsymbol{z}(t))=\frac{\omega_i(\boldsymbol{z}(t))}{\sum_{i=1}^{q}\omega_i(\boldsymbol{z}(t))},\quad \omega_i(\boldsymbol{z}(t))=\prod_{j=1}^{s}\mu_{ij}(z_j(t))$$

式中，$\mu_{ij}(z_j(t))$为前件变量 $z_j(t)$在模糊集 μ_{ij} 中的隶属度。

假设对任意的 $\boldsymbol{z}(t)$都有

$$\sum_{i=1}^{q}\omega_i(\boldsymbol{z}(t))>0,\quad \omega_i(\boldsymbol{z}(t))\geqslant 0,\quad i=1,2,\cdots,q$$

那么 $h_i(\boldsymbol{z}(t))$满足

$$\sum_{i=1}^{q}h_i(\boldsymbol{z}(t))=1,\quad h_i(\boldsymbol{z}(t))\geqslant 0,\quad i=1,2,\cdots,q$$

通过 T－S 模糊模型的构造原理可以知道，只要选取足够多的模糊规则数，非线性系统就可以通过 T－S 模糊模型以任意的精度来描述，但是，随着模糊规则数的增加，控制系统也会变得越来越复杂。所以在使用 T－S 模糊系统描述非线性系统时要考虑好准确性和复杂性之间的关系，适当地权衡利弊。

T－S 模糊模型的本质就是将一个非线性系统进行局部线性化，T－S 模糊模型最初主要是在非线性系统的建模中使用，和其他的建模方法相比，T－S 模糊模型的精度更高，能够高度地拟合非线性系统。同时，由于 T－S 模糊模型的后件是线性方程，这就为成熟的线性控制理论和算法应用到非线性系统提供了一个有效的途径。

2.3　基于二阶滑模观测器的 Lipschitz 非线性动态系统的故障估计

2.3.1　系统与问题描述

研究以下非线性动态系统：

$$\begin{cases}\dot{\boldsymbol{x}}(t)=\boldsymbol{A}\boldsymbol{x}(t)+\boldsymbol{g}(x)+\boldsymbol{B}\boldsymbol{u}(t)+\boldsymbol{F}\boldsymbol{f}(t)\\ \boldsymbol{y}(t)=\boldsymbol{C}\boldsymbol{x}(t)\end{cases}\tag{2-50}$$

式中，$\boldsymbol{x}\in\mathbb{R}^n$，$\boldsymbol{y}\in\mathbb{R}^p$，$\boldsymbol{u}\in\mathbb{R}^m$ 分别为系统的状态，测量输出与控制输入，$\mathbb{R}^n$ 表示 n 维 Euclidean 空间。$\boldsymbol{g}$ 为非线性向量函数，满足 Lipschitz 条件，即 $\|\boldsymbol{g}(\boldsymbol{x})-\boldsymbol{g}(\hat{\boldsymbol{x}})\|\leqslant\|\boldsymbol{L}_g(\boldsymbol{x}-\hat{\boldsymbol{x}})\|$，其中，$\boldsymbol{L}_g$ 为 Lipschitz 常值矩阵，$\|\cdot\|$ 为向量“·”的 Euclidean 范数或矩阵“·”的 Frobenius 范数。$\boldsymbol{f}\in\mathbb{R}^q$ 为系统中的执行器故障（元器件故障），且满足 $\|\dot{\boldsymbol{f}}\|\leqslant\delta$，$\delta\in(0,\infty)$。$\boldsymbol{A}$，$\boldsymbol{B}$，$\boldsymbol{C}$，$\boldsymbol{F}$ 是已知的适当维数常值矩阵，矩阵 $\boldsymbol{F}$ 为列满秩矩阵，且有 $\mathrm{rank}(\boldsymbol{CF})=\mathrm{rank}(\boldsymbol{F})=q$。

为方便后面进行故障估计，引入文献[19]中的坐标变换 $\bar{\boldsymbol{x}}=\boldsymbol{T}\boldsymbol{x}$，从而系统(2－50)转化为系统(2－51)与(2－52)。为书写方便，后文略去时间参数 t。例如，$\boldsymbol{x}(t)$简写成 $\boldsymbol{x}$，其余变量以此类推。

$$\dot{\bar{\boldsymbol{x}}}_1=\boldsymbol{A}_{11}\bar{\boldsymbol{x}}_1+\boldsymbol{A}_{12}\bar{\boldsymbol{x}}_2+\boldsymbol{g}_1(\bar{\boldsymbol{x}})+\boldsymbol{B}_1\boldsymbol{u} \tag{2-51}$$

$$\begin{cases}\dot{\bar{\boldsymbol{x}}}_2=\boldsymbol{A}_{21}\bar{\boldsymbol{x}}_1+\boldsymbol{A}_{22}\bar{\boldsymbol{x}}_2+\boldsymbol{g}_2(\bar{\boldsymbol{x}})+\boldsymbol{B}_2\boldsymbol{u}+\boldsymbol{F}_2\boldsymbol{f}\\ \boldsymbol{y}=\boldsymbol{C}_2\bar{\boldsymbol{x}}_2\end{cases} \tag{2-52}$$

式中，$\bar{\boldsymbol{x}}_1\in\mathbb{R}^{n-p}$，$\bar{\boldsymbol{x}}_2\in\mathbb{R}^{p}$，$\begin{bmatrix}\boldsymbol{g}_1(\bar{\boldsymbol{x}})\\ \boldsymbol{g}_2(\bar{\boldsymbol{x}})\end{bmatrix}=\boldsymbol{Tg}(\boldsymbol{T}^{-1}\bar{\boldsymbol{x}})$，且

$$\begin{bmatrix}\boldsymbol{A}_{11} & \boldsymbol{A}_{12}\\ \boldsymbol{A}_{21} & \boldsymbol{A}_{22}\end{bmatrix}=\boldsymbol{TAT}^{-1},\quad \begin{bmatrix}\boldsymbol{B}_1\\ \boldsymbol{B}_2\end{bmatrix}=\boldsymbol{TB}$$

$$\begin{bmatrix}\boldsymbol{0} & \boldsymbol{C}_2\end{bmatrix}=\boldsymbol{CT}^{-1},\quad \begin{bmatrix}\boldsymbol{0}\\ \boldsymbol{F}_2\end{bmatrix}=\boldsymbol{TF}$$

式中，$\boldsymbol{F}_2=\begin{bmatrix}\boldsymbol{0}\\ \bar{\boldsymbol{F}}_2\end{bmatrix}$，$\bar{\boldsymbol{F}}_2\in\mathbb{R}^{q\times q}$，$\bar{\boldsymbol{F}}_2$ 与 $\boldsymbol{C}_2$ 均可逆，$\boldsymbol{F}_2$ 为列满秩矩阵。

对系统(2-51)与(2-52)，再引进坐标变换 $\boldsymbol{w}=\boldsymbol{S}\bar{\boldsymbol{x}}$，其中 $\boldsymbol{S}=\begin{bmatrix}\boldsymbol{I}_{n-p} & \boldsymbol{L}\\ \boldsymbol{0} & \boldsymbol{I}_p\end{bmatrix}$，$\boldsymbol{L}=\begin{bmatrix}\bar{\boldsymbol{L}} & \boldsymbol{0}\end{bmatrix}$，$\bar{\boldsymbol{L}}\in\mathbb{R}^{(n-p)\times(p-q)}$，$\boldsymbol{I}_{n-p}$ 表示 $n-p$ 阶单位阵。从而系统(2-51)与(2-52)转化为

$$\begin{aligned}\dot{\boldsymbol{w}}_1=&(\boldsymbol{A}_{11}+\boldsymbol{LA}_{21})\boldsymbol{w}_1+[\boldsymbol{A}_{12}+\boldsymbol{LA}_{22}-(\boldsymbol{A}_{11}+\boldsymbol{LA}_{21})\boldsymbol{L}]\boldsymbol{w}_2+\\ &[\boldsymbol{I}_{n-p}\boldsymbol{L}]\boldsymbol{Tg}(\boldsymbol{T}^{-1}\boldsymbol{S}^{-1}\boldsymbol{w})+(\boldsymbol{B}_1+\boldsymbol{LB}_2)\boldsymbol{u}\end{aligned} \tag{2-53}$$

$$\begin{cases}\dot{\boldsymbol{w}}_2=\boldsymbol{A}_{21}\boldsymbol{w}_1+(\boldsymbol{A}_{22}-\boldsymbol{A}_{21}\boldsymbol{L})\boldsymbol{w}_2+\boldsymbol{g}_2(\boldsymbol{S}^{-1}\boldsymbol{w})+\boldsymbol{B}_2\boldsymbol{u}+\boldsymbol{F}_2\boldsymbol{f}\\ \boldsymbol{y}=\boldsymbol{C}_2\boldsymbol{w}_2\end{cases} \tag{2-54}$$

在后面的研究中，将针对系统(2-53)与(2-54)设计二阶滑模观测器，并证明观测误差动态系统的稳定性。

2.3.2 二阶滑模观测器设计

1. 观测器的构建

针对式(2-53)与式(2-54)，设计以下观测器：

$$\begin{aligned}\dot{\hat{\boldsymbol{w}}}_1=&(\boldsymbol{A}_{11}+\boldsymbol{LA}_{21})\hat{\boldsymbol{w}}_1+[\boldsymbol{A}_{12}+\boldsymbol{LA}_{22}-(\boldsymbol{A}_{11}+\boldsymbol{LA}_{21})\boldsymbol{L}]\boldsymbol{C}_2^{-1}\boldsymbol{y}+\\ &[\boldsymbol{I}_{n-p}\boldsymbol{L}]\boldsymbol{Tg}(\boldsymbol{T}^{-1}\boldsymbol{S}^{-1}\hat{\boldsymbol{w}})+(\boldsymbol{B}_1+\boldsymbol{LB}_2)\boldsymbol{u}\end{aligned} \tag{2-55}$$

$$\begin{cases}\dot{\hat{\boldsymbol{w}}}_2=\boldsymbol{A}_{21}\hat{\boldsymbol{w}}_1+(\boldsymbol{A}_{22}-\boldsymbol{A}_{21}\boldsymbol{L})\boldsymbol{C}_2^{-1}\boldsymbol{y}+\boldsymbol{g}_2(\boldsymbol{S}^{-1}\hat{\boldsymbol{w}})+\boldsymbol{B}_2\boldsymbol{u}+\boldsymbol{v}\\ \hat{\boldsymbol{y}}=\boldsymbol{C}_2\hat{\boldsymbol{w}}_2\end{cases} \tag{2-56}$$

式中，$\hat{\boldsymbol{w}}=[\hat{\boldsymbol{w}}_1,\boldsymbol{w}_2]^{\mathrm{T}}$，令 $\boldsymbol{e}_y=\hat{\boldsymbol{y}}-\boldsymbol{y}$，$\boldsymbol{e}_1=\hat{\boldsymbol{w}}_1-\boldsymbol{w}_1$，$\boldsymbol{e}_2=\hat{\boldsymbol{w}}_2-\boldsymbol{w}_2$，从而有 $\boldsymbol{e}_y=\boldsymbol{C}_2\boldsymbol{e}_2$。

由于 $\boldsymbol{C}_2$ 可逆，因此 $\boldsymbol{e}_2=\boldsymbol{C}_2^{-1}\boldsymbol{e}_y$。$\boldsymbol{\upsilon}$ 为基于 Super-twisting 算法的二阶滑模项，具体为

$$\begin{cases}\boldsymbol{\upsilon}(t)=\boldsymbol{\upsilon}_1(t)+\boldsymbol{\upsilon}_2(t)\\ \boldsymbol{\upsilon}_1(t)=-k_1\,|\boldsymbol{e}_2|^{1/2}\operatorname{sgn}(\boldsymbol{e}_2)\\ \dot{\boldsymbol{\upsilon}}_2(t)=-k_2\operatorname{sgn}(\boldsymbol{e}_2)\end{cases}$$

式中，$k_i>0(i=1,2)$是将要设计的二阶滑模增益值，sgn 表示符号函数。$|\boldsymbol{e}_2|^{1/2}\operatorname{sgn}(\boldsymbol{e}_2)$ 写成分量形式为

$$|\boldsymbol{e}_2|^{1/2}\operatorname{sgn}(\boldsymbol{e}_2)=[|\boldsymbol{e}_{21}|^{1/2}\operatorname{sgn}(\boldsymbol{e}_{21}),\cdots,|\boldsymbol{e}_{2p}|^{1/2}\operatorname{sgn}(\boldsymbol{e}_{2p})]^{\mathrm{T}}$$

通过简单分析可知，$|\boldsymbol{e}_2|^{1/2}\operatorname{sgn}(\boldsymbol{e}_2)$是连续的向量函数。

滑模面选为

$$\boldsymbol{e}_2=\boldsymbol{0} \tag{2-57}$$

由 $\boldsymbol{e}_1$ 与 $\boldsymbol{e}_2$ 的定义以及式(2-53)～式(2-56)，可得到以下观测误差动态系统：

$$\dot{\boldsymbol{e}}_1=(\boldsymbol{A}_{11}+\boldsymbol{L}\boldsymbol{A}_{21})\boldsymbol{e}_1+[\boldsymbol{I}_{n-p}\ \boldsymbol{L}]\boldsymbol{T}[\boldsymbol{g}(\boldsymbol{T}^{-1}\boldsymbol{S}^{-1}\hat{\boldsymbol{w}})-\boldsymbol{g}(\boldsymbol{T}^{-1}\boldsymbol{S}^{-1}\boldsymbol{w})] \tag{2-58}$$

$$\dot{\boldsymbol{e}}_2=\boldsymbol{A}_{21}\boldsymbol{e}_1+\boldsymbol{g}_2(\boldsymbol{S}^{-1}\hat{\boldsymbol{w}})-\boldsymbol{g}_2(\boldsymbol{S}^{-1}\boldsymbol{w})+\boldsymbol{\upsilon}-\boldsymbol{F}_2\boldsymbol{f} \tag{2-59}$$

通过简单计算，可以得到 $\boldsymbol{S}^{-1}\hat{\boldsymbol{w}}-\boldsymbol{S}^{-1}\boldsymbol{w}=\begin{bmatrix}\boldsymbol{I}_{n-p} & -\boldsymbol{L}\\ \boldsymbol{0} & \boldsymbol{I}_p\end{bmatrix}\begin{bmatrix}\hat{\boldsymbol{w}}_1-\boldsymbol{w}_1\\ \boldsymbol{w}_2-\boldsymbol{w}_2\end{bmatrix}=\begin{bmatrix}\boldsymbol{e}_1\\ \boldsymbol{0}\end{bmatrix}$，从而 $\|\boldsymbol{S}^{-1}\hat{\boldsymbol{w}}-\boldsymbol{S}^{-1}\boldsymbol{w}\|=\|\boldsymbol{e}_1\|$。

2. 稳定性证明

定理 2-1　考虑 Lipschitz 非线性动态系统(2-50)，如果存在正数 ε，α 与正定矩阵 $\boldsymbol{R}$ 以及矩阵 $\boldsymbol{L}$ 使得

$$\bar{\boldsymbol{A}}^{\mathrm{T}}\bar{\boldsymbol{R}}^{\mathrm{T}}+\bar{\boldsymbol{R}}\bar{\boldsymbol{A}}+\frac{1}{\varepsilon}\bar{\boldsymbol{R}}\bar{\boldsymbol{R}}^{\mathrm{T}}+\varepsilon\|\boldsymbol{T}\|^2\|\boldsymbol{L}_g\boldsymbol{T}^{-1}\|^2\boldsymbol{I}_{n-p}+\alpha\boldsymbol{R}<\boldsymbol{0} \tag{2-60}$$

成立，那么观测误差动态系统(2-58)将是渐近稳定的，而且 $\boldsymbol{e}_1$ 满足 $\|\boldsymbol{e}_1(t)\|\leqslant N\|\boldsymbol{e}_1(0)\|\exp(-\alpha t/2)$。其中，

$$\bar{\boldsymbol{R}}=\boldsymbol{R}[\boldsymbol{I}_{n-p}\boldsymbol{L}],\quad \bar{\boldsymbol{A}}=[\boldsymbol{A}_{11}^{\mathrm{T}}\quad \boldsymbol{A}_{21}^{\mathrm{T}}]^{\mathrm{T}},\quad N=\sqrt{\frac{\lambda_{\max}(\boldsymbol{R})}{\lambda_{\min}(\boldsymbol{R})}}$$

证明　考虑 Lyapunov 泛函 $V=\boldsymbol{e}_1^{\mathrm{T}}\boldsymbol{R}\boldsymbol{e}_1$。对 V 沿着式(2-58)求导可得

$$\begin{aligned}\dot{V}=&\boldsymbol{e}_1^{\mathrm{T}}[(\boldsymbol{A}_{11}+\boldsymbol{L}\boldsymbol{A}_{21})^{\mathrm{T}}\boldsymbol{R}+\boldsymbol{R}(\boldsymbol{A}_{11}+\boldsymbol{L}\boldsymbol{A}_{21})]\boldsymbol{e}_1+\\ &2(\boldsymbol{R}\boldsymbol{e}_1)^{\mathrm{T}}[\boldsymbol{I}_{n-p}\boldsymbol{L}]\boldsymbol{T}[\boldsymbol{g}(\boldsymbol{T}^{-1}\boldsymbol{S}^{-1}\hat{\boldsymbol{w}})-\boldsymbol{g}(\boldsymbol{T}^{-1}\boldsymbol{S}^{-1}\boldsymbol{w})]\\ =&\boldsymbol{e}_1^{\mathrm{T}}(\bar{\boldsymbol{A}}^{\mathrm{T}}\bar{\boldsymbol{R}}^{\mathrm{T}}+\bar{\boldsymbol{R}}\bar{\boldsymbol{A}})\boldsymbol{e}_1+2(\bar{\boldsymbol{R}}^{\mathrm{T}}\boldsymbol{e}_1)^{\mathrm{T}}\boldsymbol{T}[\boldsymbol{g}(\boldsymbol{T}^{-1}\boldsymbol{S}^{-1}\hat{\boldsymbol{w}})-\boldsymbol{g}(\boldsymbol{T}^{-1}\boldsymbol{S}^{-1}\boldsymbol{w})]\end{aligned}$$

由不等式 $2\boldsymbol{X}^{\mathrm{T}}\boldsymbol{Y}\leqslant\frac{1}{\varepsilon}\boldsymbol{X}^{\mathrm{T}}\boldsymbol{X}+\varepsilon\boldsymbol{Y}^{\mathrm{T}}\boldsymbol{Y}$，可知

$$\dot{V}=\boldsymbol{e}_1^{\mathrm{T}}(\bar{\boldsymbol{A}}^{\mathrm{T}}\bar{\boldsymbol{R}}^{\mathrm{T}}+\bar{\boldsymbol{R}}\bar{\boldsymbol{A}})\boldsymbol{e}_1+2(\bar{\boldsymbol{R}}^{\mathrm{T}}\boldsymbol{e}_1)^{\mathrm{T}}\boldsymbol{T}[\boldsymbol{g}(\boldsymbol{T}^{-1}\boldsymbol{S}^{-1}\hat{\boldsymbol{w}})-\boldsymbol{g}(\boldsymbol{T}^{-1}\boldsymbol{S}^{-1}\boldsymbol{w})]$$

$$\leqslant e_1^{\mathrm{T}}(\bar{A}^{\mathrm{T}}\bar{R}^{\mathrm{T}}+\bar{R}\bar{A})e_1+\frac{1}{\varepsilon}e_1^{\mathrm{T}}\bar{R}\bar{R}^{\mathrm{T}}e_1+$$

$$\varepsilon\{T[g(T^{-1}S^{-1}\hat{w})-g(T^{-1}S^{-1}w)]\}^{\mathrm{T}}\{[Tg(T^{-1}S^{-1}\hat{w})-g(T^{-1}S^{-1}w)]\}$$

$$\leqslant e_1^{\mathrm{T}}(\bar{A}^{\mathrm{T}}\bar{R}^{\mathrm{T}}+\bar{R}\bar{A})e_1+\frac{1}{\varepsilon}e_1^{\mathrm{T}}\bar{R}\bar{R}^{\mathrm{T}}e_1+\varepsilon\|T\|^2\|L_gT^{-1}\|^2\|e_1\|^2$$

$$=e_1^{\mathrm{T}}\left[\bar{A}^{\mathrm{T}}\bar{R}^{\mathrm{T}}+\bar{R}\bar{A}+\frac{1}{\varepsilon}\bar{R}\bar{R}^{\mathrm{T}}+\varepsilon\|T\|^2\|L_gT^{-1}\|^2 I_{n-p}\right]e_1$$

再由不等式(2-60),可知 $\dot{V}\leqslant-\alpha e_1^{\mathrm{T}}Re_1=-\alpha V$,从而系统(2-58)是渐近稳定的。因为 $\dot{V}\leqslant-\alpha V$,所以存在正数 N 使得

$$\|e_1(t)\|\leqslant N\|e_1(0)\|\exp(-\alpha t/2)$$

式中,$N=\sqrt{\dfrac{\lambda_{\max}(R)}{\lambda_{\min}(R)}}$。从而定理 2-1 得证。

注 2-1　定理 2-1 中的式(2-60)并不是线性矩阵不等式,为了方便求解,将其转化为 LMI。由 Schur 补定理可知,式(2-60)等价于

$$\begin{bmatrix} RA_{11}+A_{11}^{\mathrm{T}}R+YA_{21}+A_{21}^{\mathrm{T}}Y^{\mathrm{T}}+\varepsilon\|T\|^2\|L_gT^{-1}\|^2 I_{n-p}+\alpha R & R & Y \\ R & -\varepsilon I_{n-p} & 0 \\ Y^{\mathrm{T}} & 0 & -\varepsilon I_p \end{bmatrix}<0 \tag{2-61}$$

式中,$Y=RL$,式(2-61)已经是 LMI,从而可以通过 LMI 工具箱来求解。

由 2.3.1 节知,$\bar{x}=S^{-1}w$,记 $\hat{\bar{x}}=S^{-1}\hat{w}$,并定义 $g_2(\hat{w},w)=g_2(S^{-1}\hat{w})-g_2(S^{-1}w)$,则有

$$\begin{aligned}\dot{g}_2(\hat{w},w)&=Jg_2(\hat{\bar{x}})\dot{\hat{\bar{x}}}-Jg_2(\bar{x})\dot{\bar{x}}\\&=Jg_2(\hat{\bar{x}})\dot{\hat{\bar{x}}}-Jg_2(\bar{x})\dot{\hat{\bar{x}}}+Jg_2(\bar{x})\dot{\hat{\bar{x}}}-Jg_2(\bar{x})\dot{\bar{x}}\\&=[Jg_2(\hat{\bar{x}})-Jg_2(\bar{x})]\dot{\hat{\bar{x}}}+Jg_2(\bar{x})(\dot{\hat{\bar{x}}}-\dot{\bar{x}})\end{aligned}$$

式中,Jg_2 为 g_2 的 Jacobian。进而有

$$\|\dot{g}_2(\hat{w},w)\|\leqslant2\|L_{g_2}\|\|\dot{\hat{\bar{x}}}\|+\|L_{g_2}\|\|\dot{e}_1\| \tag{2-62}$$

式中,L_{g_2} 是向量函数 g_2 的 Lipschitz 常值矩阵。由式(2-58)可知

$$\begin{aligned}\|\dot{e}_1\|&=\|(A_{11}+LA_{21})e_1+[I_{n-p}L]T[g(T^{-1}S^{-1}\hat{w})-g(T^{-1}S^{-1}w)]\|\\&\leqslant\|A_{11}+LA_{21}\|\|e_1\|+\|[I_{n-p}L]T\|\|L_gT^{-1}\|\|e_1\|\\&=(\|A_{11}+LA_{21}\|+\|[I_{n-p}L]T\|\|L_gT^{-1}\|)\|e_1\|\end{aligned} \tag{2-63}$$

为分析方便,记 $\omega=A_{21}e_1-F_2f+g_2(S^{-1}\hat{w})-g_2(S^{-1}w)$。由式(2-62)与

式(2-63),得

$$\begin{aligned}\|\dot{\boldsymbol{\omega}}\| &\leqslant \|\boldsymbol{A}_{21}\|\|\dot{\boldsymbol{e}}_1\| + \|\boldsymbol{F}_2\|\|\dot{\boldsymbol{f}}\| + \|\dot{\boldsymbol{g}}_2(\hat{\boldsymbol{w}},\boldsymbol{w})\| \\ &\leqslant \|\boldsymbol{A}_{21}\|(\|\boldsymbol{A}_{11}+\boldsymbol{L}\boldsymbol{A}_{21}\| + \|[\boldsymbol{I}_{n-p}\boldsymbol{L}]\boldsymbol{T}\|\|\boldsymbol{L}_g\boldsymbol{T}^{-1}\|)\|\boldsymbol{e}_1\| + \|\boldsymbol{F}_2\|\delta + \\ &\quad 2\|\boldsymbol{L}_{\boldsymbol{g}_2}\|\|\dot{\hat{\boldsymbol{x}}}\| + \|\boldsymbol{L}_{\boldsymbol{g}_2}\|(\|\boldsymbol{A}_{11}+\boldsymbol{L}\boldsymbol{A}_{21}\| + \|[\boldsymbol{I}_{n-p}\boldsymbol{L}]\boldsymbol{T}\|\|\boldsymbol{L}_g\boldsymbol{T}^{-1}\|)\|\boldsymbol{e}_1\| \\ &\leqslant [(\|\boldsymbol{A}_{21}\| + \|\boldsymbol{L}_{\boldsymbol{g}_2}\|)(\|\boldsymbol{A}_{11}+\boldsymbol{L}\boldsymbol{A}_{21}\| + \|[\boldsymbol{I}_{n-p}\boldsymbol{L}]\boldsymbol{T}\|\|\boldsymbol{L}_g\boldsymbol{T}^{-1}\|)]\cdot \\ &\quad N\|\boldsymbol{e}_1(0)\|\exp(-\alpha t/2) + 2\|\boldsymbol{L}_{\boldsymbol{g}_2}\|\|\dot{\hat{\boldsymbol{x}}}\| + \|\boldsymbol{F}_2\|\delta\end{aligned}$$

取

$$\begin{aligned}\gamma = &[(\|\boldsymbol{A}_{21}\| + \|\boldsymbol{L}_{\boldsymbol{g}_2}\|)(\|\boldsymbol{A}_{11}+\boldsymbol{L}\boldsymbol{A}_{21}\| + \|[\boldsymbol{I}_{n-p}\boldsymbol{L}]\boldsymbol{T}\|\|\boldsymbol{L}_g\boldsymbol{T}^{-1}\|)]\cdot \\ &N\|\boldsymbol{e}_1(0)\|\exp(-\alpha t/2) + 2\|\boldsymbol{L}_{\boldsymbol{g}_2}\|\|\dot{\hat{\boldsymbol{x}}}\| + \|\boldsymbol{F}_2\|\delta\end{aligned}$$

则

$$\|\dot{\boldsymbol{\omega}}\| \leqslant \gamma \tag{2-64}$$

定理 2-2　考虑 Lipschitz 非线性动态系统(2-50),如果参数 k_1,k_2 满足如下条件:

$$k_1 > 0,\quad k_2 > \frac{2\gamma^2}{k_1^2} + \gamma \tag{2-65}$$

那么,观测误差动态系统(2-59)是有限时间稳定的。

证明　记

$$\boldsymbol{\varphi} = \boldsymbol{\omega} - \int_0^t k_2\,\mathrm{sgn}(\boldsymbol{e}_2)\mathrm{d}\tau \tag{2-66}$$

则观测误差动态系统(2-59)可化为如下形式:

$$\dot{\boldsymbol{e}}_2 = -k_1|\boldsymbol{e}_2|^{1/2}\mathrm{sgn}(\boldsymbol{e}_2) + \boldsymbol{\varphi} \tag{2-67}$$

$$\dot{\boldsymbol{\varphi}} = -k_2\,\mathrm{sgn}(\boldsymbol{e}_2) + \dot{\boldsymbol{\omega}} \tag{2-68}$$

记 $\boldsymbol{z} = [\boldsymbol{\sigma},\boldsymbol{\varphi}]^{\mathrm{T}}$,其中 $\boldsymbol{\sigma} = |e_2|^{1/2}\mathrm{sgn}(\boldsymbol{e}_2)$,从而 $\boldsymbol{z}$ 写成分量形式为 $\boldsymbol{z}_i = [|\boldsymbol{e}_{2i}|^{1/2}\mathrm{sgn}(\boldsymbol{e}_{2i}),\varphi_i]^{\mathrm{T}}, i=1,2,\cdots,p$;$\boldsymbol{\omega}$ 写成分量形式为 $\boldsymbol{\omega} = [\omega_1,\omega_2,\cdots,\omega_p]^{\mathrm{T}}$。

只要证明了观测误差动态系统(2-67)与(2-68)的有限时间稳定性,那么就能得到观测误差动态系统(2-59)的有限时间稳定性。

考虑 Lyapunov 泛函

$$V_i = \boldsymbol{z}_i^{\mathrm{T}}\boldsymbol{P}\boldsymbol{z}_i,\quad i=1,2,\cdots,p$$

式中,$\boldsymbol{P} = \dfrac{1}{2}\begin{bmatrix}4k_2+k_1^2 & -k_1 \\ -k_1 & 2\end{bmatrix}$。由 $k_1,k_2>0$ 可知,$\boldsymbol{P}$ 正定。

对 V_i 求导可得

$$\dot{V}_i = -\frac{1}{|e_{2i}|^{1/2}} z_i^{\mathrm{T}} Q z_i + \dot{\omega}_i a^{\mathrm{T}} z_i \tag{2-69}$$

式中，$Q = \frac{k_1}{2}\begin{bmatrix} 2k_2 + k_1^2 & -k_1 \\ -k_1 & 1 \end{bmatrix}$，$a^{\mathrm{T}} = [-k_1 \quad 2]$。通过计算可知

$$\dot{\omega}_i a^{\mathrm{T}} z_i = \frac{1}{|e_{2i}|^{1/2}} (z_i^{\mathrm{T}} M_i^{\mathrm{T}} P z_i + z_i^{\mathrm{T}} P M_i z_i) \tag{2-70}$$

式中，$M_i = \begin{bmatrix} 0 & 0 \\ \dot{\omega}_i \mathrm{sgn}(e_{2i}) & 0 \end{bmatrix}$。由式(2-69)与式(2-70)计算可得

$$\begin{aligned} \dot{V}_i &= -\frac{1}{|e_{2i}|^{1/2}} z_i^{\mathrm{T}} Q z_i + \dot{\omega}_i a^{\mathrm{T}} z_i \\ &= -\frac{1}{|e_{2i}|^{1/2}} z_i^{\mathrm{T}} (Q - M_i^{\mathrm{T}} P - P M_i) z_i \\ &= -\frac{1}{|e_{2i}|^{1/2}} z_i^{\mathrm{T}} \widetilde{Q}_i z_i \end{aligned}$$

式中

$$\widetilde{Q}_i = \frac{k_1}{2}\begin{bmatrix} 2k_2 + k_1^2 + 2\dot{\omega}_i \mathrm{sgn}(e_{2i}) & -k_1 - \dfrac{2\dot{\omega}_i \mathrm{sgn}(e_{2i})}{k_1} \\ -k_1 - \dfrac{2\dot{\omega}_i \mathrm{sgn}(e_{2i})}{k_1} & 1 \end{bmatrix}$$

记

$$\widetilde{Q}_{0i} = \begin{bmatrix} 2k_2 + k_1^2 + 2\dot{\omega}_i \mathrm{sgn}(e_{2i}) & -k_1 - \dfrac{2\dot{\omega}_i \mathrm{sgn}(e_{2i})}{k_1} \\ -k_1 - \dfrac{2\dot{\omega}_i \mathrm{sgn}(e_{2i})}{k_1} & 1 \end{bmatrix}$$

由于 $k_1 > 0$，只要 $\widetilde{Q}_{0i}$ 正定，则 $\widetilde{Q}_i$ 正定。$\widetilde{Q}_{0i}$ 正定的充分必要条件是

$$2k_2 + k_1^2 + 2\dot{\omega}_i \mathrm{sgn}(e_{2i}) > 0 \text{ 且 } \det\widetilde{Q}_{0i} > 0 \tag{2-71}$$

通过化简可知，式(2-71)等价于

$$k_2 > -\frac{k_1^2}{2} - \dot{\omega}_i \mathrm{sgn}(e_{2i}) \quad \text{且} \quad k_2 > \frac{2\dot{\omega}_i^2}{k_1^2} + \dot{\omega}_i \mathrm{sgn}(e_{2i}) \tag{2-72}$$

再根据式(2-64)以及定理 2-2 中的条件 $k_2 > \frac{2\gamma^2}{k_1^2} + \gamma$，可知式(2-72)成立，从而 $\widetilde{Q}_{0i}$ 正定，因此 $\widetilde{Q}_i$ 正定。

此外，容易得到

$$\lambda_{\min}(P) \| z_i \|^2 \leqslant V_i = z_i^{\mathrm{T}} P z_i \leqslant \lambda_{\max}(P) \| z_i \|^2 \tag{2-73}$$

式中，$\lambda_{\min}(P)$和$\lambda_{\max}(P)$分别为矩阵 P 的最小特征值与最大特征值。从而有

$$|\boldsymbol{e}_{2i}|^{1/2} \leqslant \|\boldsymbol{z}_i\| \leqslant \frac{V_i^{1/2}}{[\lambda_{\min}(\boldsymbol{P})]^{1/2}} \tag{2-74}$$

式中，$\|\boldsymbol{z}_i\|^2 = |\boldsymbol{\sigma}_i|^2 + |\boldsymbol{\varphi}_i|^2$。

由式(2-73)与式(2-74)可知

$$\begin{aligned}\dot{V}_i &= -\frac{1}{|\boldsymbol{e}_{2i}|^{1/2}} \boldsymbol{z}_i^{\mathrm{T}} \widetilde{\boldsymbol{Q}}_i \boldsymbol{z}_i \\ &\leqslant -\frac{1}{|\boldsymbol{e}_{2i}|^{1/2}} \lambda_{\min}(\widetilde{\boldsymbol{Q}}_i) \|\boldsymbol{z}_i\|^2 \\ &\leqslant -\mu_i V_i \frac{1}{2}\end{aligned} \tag{2-75}$$

其中，$\mu_i = \dfrac{[\lambda_{\min}(\boldsymbol{P})]^{1/2} \lambda_{\min}(\widetilde{\boldsymbol{Q}}_i)}{\lambda_{\max}(\boldsymbol{P})}$。

由式(2-75)及引理 2-3 可知，$\boldsymbol{e}_2, \boldsymbol{\varphi}$ 在有限时间收敛到 $\mathbf{0}$，从而观测误差动态系统(2-59)是有限时间稳定的。由此定理 2-2 得证。

2.3.3 故障估计

本小节在 2.3.2 小节的基础上，通过前面设计的二阶滑模观测器来实现对故障 $\boldsymbol{f}$ 的估计，结论如下。

定理 2-3　考虑 Lipschitz 非线性动态系统(2-50)，参数 k_1, k_2 满足式(2-65)，则系统(2-50)中故障 $\boldsymbol{f}$ 的估计为

$$\hat{\boldsymbol{f}} = -\boldsymbol{F}_2^{+} \int_0^t k_2 \operatorname{sgn}(\boldsymbol{e}_2) \mathrm{d}\tau \tag{2-76}$$

其中，$\boldsymbol{F}_2^{+}$ 表示 $\boldsymbol{F}_2$ 的左伪逆，且 $\boldsymbol{F}_2^{+} = (\boldsymbol{F}_2^{\mathrm{T}} \boldsymbol{F}_2)^{-1} \boldsymbol{F}_2^{\mathrm{T}}$。

证明　由定理 2-2 可知，$\boldsymbol{\varphi}$ 在有限时间内收敛到 $\mathbf{0}$，由式(2-66)可推出

$$\boldsymbol{\omega} - \int_0^t k_2 \operatorname{sgn}(\boldsymbol{e}_2) \mathrm{d}\tau \rightarrow \mathbf{0}$$

代入 $\boldsymbol{\omega} = \boldsymbol{A}_{21}\boldsymbol{e}_1 - \boldsymbol{F}_2\boldsymbol{f} + \boldsymbol{g}_2(\boldsymbol{S}^{-1}\hat{\boldsymbol{w}}) - \boldsymbol{g}_2(\boldsymbol{S}^{-1}\boldsymbol{w})$，则有

$$\boldsymbol{A}_{21}\boldsymbol{e}_1 - \boldsymbol{F}_2\boldsymbol{f} + \boldsymbol{g}_2(\boldsymbol{S}^{-1}\hat{\boldsymbol{w}}) - \boldsymbol{g}_2(\boldsymbol{S}^{-1}\boldsymbol{w}) - \int_0^t k_2 \operatorname{sgn}(\boldsymbol{e}_2) \mathrm{d}\tau \rightarrow \mathbf{0} \tag{2-77}$$

此外，由定理 2-1 可知，观测误差动态系统(2-58)是渐近稳定的，从而 $\boldsymbol{e}_1 \rightarrow \mathbf{0}$，因此，$\boldsymbol{g}_2(\boldsymbol{S}^{-1}\hat{\boldsymbol{w}}) - \boldsymbol{g}_2(\boldsymbol{S}^{-1}\boldsymbol{w}) \rightarrow \mathbf{0}$，从而由式(2-77)得到系统(2-50)中故障 $\boldsymbol{f}$ 的估计为 $\hat{\boldsymbol{f}} = -\boldsymbol{F}_2^{+} \int_0^t k_2 \operatorname{sgn}(\boldsymbol{e}_2) \mathrm{d}\tau$。由此定理 2-3 得证。

注 2-2　由式(2-76)可知，只需要知道二阶滑模观测器的输出与系统(2-50)的输出就可以估计出系统(2-50)中的故障 $\boldsymbol{f}$，从而实现对故障的在线估计。

注 2-3　由于二阶滑模项 $-k_2 \int_0^t \operatorname{sgn}(\boldsymbol{e}_2) \mathrm{d}\tau$ 是连续的，因此本章设计的基于

Super-twisting 算法的二阶滑模观测器得到的故障估计式(2-76)避免了传统的滑模观测器[19,22]在实现故障估计时带来的抖振问题。

2.3.4　仿真分析

本节以柔性机械臂系统为例进行仿真分析。由于机械臂能够代替或协助航天员完成卫星的施放、维护与回收任务，还可以俘获与摧毁敌对的航天器，因此已经成为空间强国研究的热点[64]。然而，恶劣的太空环境容易导致机械臂出现故障，为了监控机械臂的健康状况，对其进行故障诊断技术的研究十分有必要。考虑机械臂系统的状态空间方程为[22,33]

$$\begin{cases}\dot{\theta}_m=\omega_m\\ \dot{\omega}_m=\dfrac{k}{J_m}(\theta_l-\theta_m)-\dfrac{b}{J_m}\omega_m+\dfrac{K_\tau}{J_m}u\\ \dot{\theta}_l=\omega_l\\ \dot{\omega}_l=\dfrac{k}{J_l}(\theta_l-\theta_m)-\dfrac{mgh}{J_l}\sin(\theta_l)\end{cases}\tag{2-78}$$

状态向量 $\boldsymbol{x}=[\theta_m\quad\omega_m\quad\theta_l\quad\omega_l]^{\mathrm{T}}$，各个状态分量分别为电机角位移(rad)、电机角速度(rad/s)、关节角位移(rad)与关节角速度(rad/s)。式(2-78)中，J_m 与 J_l 分别为电机与关节的转动惯量($\mathrm{kg\cdot m^2}$)，k 为扭转弹簧的劲度系数(N·m/rad)，m 是关节的质量(kg)，关节的长度为 $2h$(m)，b 为黏滞摩擦系数(N·m·s)，K_τ 为放大器增益(N·m/V)，g 为重力加速度($\mathrm{m/s^2}$)，u 为控制输入(V)。式(2-78)的系统矩阵如下[22,33]

$$\boldsymbol{A}=\begin{bmatrix}0&1&0&0\\-48.6&-1.25&48.6&0\\0&0&0&10\\1.95&0&-1.95&0\end{bmatrix},\boldsymbol{B}=\begin{bmatrix}0\\21.6\\0\\0\end{bmatrix},\boldsymbol{C}=\begin{bmatrix}1&0&0&0\\0&1&0&0\\0&0&1&1\end{bmatrix},\boldsymbol{F}=\begin{bmatrix}0\\21.6\\0\\0\end{bmatrix}$$

Lipschitz 非线性项 $\boldsymbol{g}(\boldsymbol{x})=[0\quad 0\quad 0\quad -0.333\sin x_3]^{\mathrm{T}}$。

引入坐标变换

$$\boldsymbol{T}=\begin{bmatrix}0&0&0.7071&-0.7071\\0&0&1&1\\1&0&0&0\\0&1&0&0\end{bmatrix}$$

在新的坐标系统下有

$$\begin{bmatrix} \boldsymbol{A}_{11} & \boldsymbol{A}_{12} \\ \boldsymbol{A}_{21} & \boldsymbol{A}_{22} \end{bmatrix} = \left[\begin{array}{c|ccc} -4.0250 & 4.2250 & -1.3789 & 0 \\ \hline -8.4499 & 4.0250 & 1.9500 & 0 \\ 0 & 0 & 0 & 1 \\ 34.3654 & 24.3000 & -48.6000 & -1.2500 \end{array}\right]$$

$$\boldsymbol{F}_2 = \begin{bmatrix} 0 \\ 0 \\ \hline 21.600 \end{bmatrix}, \boldsymbol{C}_2 = \begin{bmatrix} 0 & 1 & 0 \\ 0 & 0 & 1 \\ 1 & 0 & 0 \end{bmatrix}$$

非线性项 $\boldsymbol{g}(\boldsymbol{T}^{-1}\boldsymbol{x}) = \begin{bmatrix} \boldsymbol{g}_1 \\ \hline \boldsymbol{g}_2 \end{bmatrix} = \begin{bmatrix} 0.2355\sin(0.7071x_1+0.5x_2) \\ \hline -0.333\sin(0.7071x_1+0.5x_2) \\ 0 \\ 0 \end{bmatrix}$。

根据 2.3.3 节以及设计的二阶滑模观测器(2-56)可得故障估计的示意图，如图 2-2 所示。

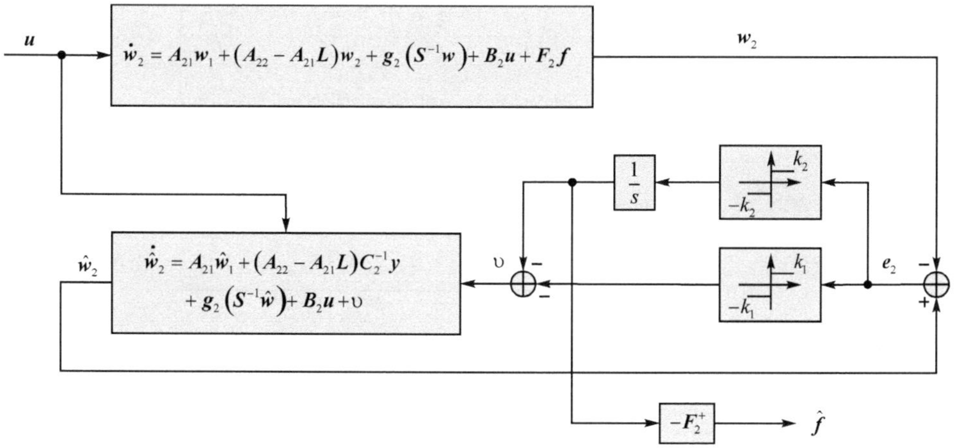

图 2-2　故障估计示意图

取 $\alpha=1.05$，通过计算可知，$\delta=0.024\pi$。通过求解 LMI(2-61)可得，$\boldsymbol{L}=[0\quad 0\quad 0]$，$\varepsilon=1$，$R=1$，从而坐标变换 $\boldsymbol{S}=\boldsymbol{I}_4$。由定理 2-2 取增益值为 $k_1=5$，$k_2=1.9$。系统(2-50)的初始状态设为 $\boldsymbol{x}(0)=[0.25\ \ -0.08\ \ 0.23\ \ -0.15]^{\mathrm{T}}$，观测器(2-55)与(2-56)的初始状态设为$[0\ \ 0\ \ 0\ \ 0]^{\mathrm{T}}$。假设执行器发生如下故障：

$$f(t)=0.012\sin 2\pi t\cos\pi t,\quad 0\leqslant t\leqslant 10$$

图 2-3 所示为采用本章提出的基于 Super-twisting 算法的二阶滑模观测器(Second Order Sliding Mode Observer based on Super-Twisting Algorithm，SOSMOSTA)故障估计方法得到的执行器故障估计 $\hat{f}$(图 2-3 中实线为故障 f，虚

线为故障估计 $\hat{f}$，后文类似），图 2 - 4 所示为采用传统的滑模观测器（Traditional Sliding Mode Observer，TSMO）[19,22]得到的故障估计 $\hat{f}$。仿真结果表明，木章方法能够稳定地实现 Lipschitz 非线性动态系统的故障估计。与本章方法相比，传统的滑模观测器[19,22]并不能很好地实现故障估计任务。传统的滑模观测器在用高频切换实现滑动模态的同时，也不可避免地导致真实的故障信号被估计的故障信号湮没。

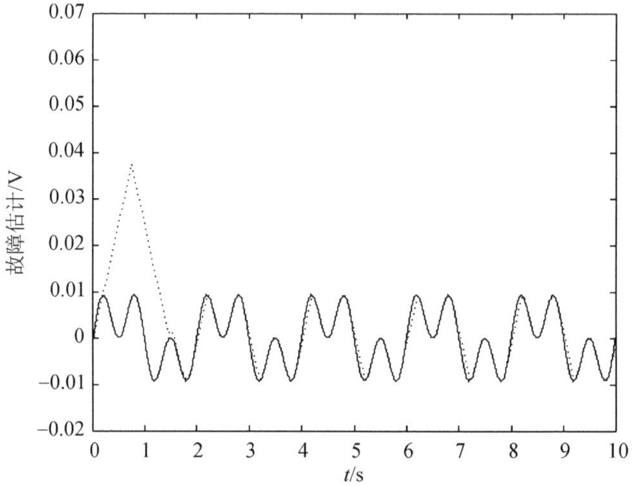

图 2 - 3　基于 SOSMOSTA 的故障估计

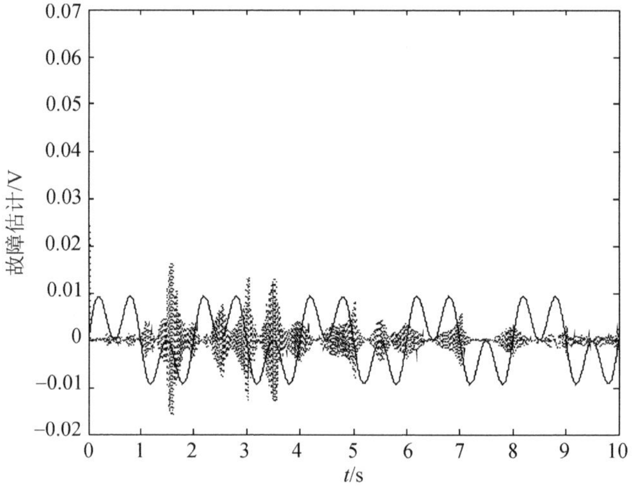

图 2 - 4　基于 TSMO 的故障估计

2.4　基于二阶滑模观测器的 T－S 模糊非线性系统的故障估计

2.4.1　系统与问题描述

下面采用 T－S 模糊模型对非线性动态系统建模。通过模糊 IF－THEN 规则来描述系统，T－S 模糊模型的第 i 条规则如下：

Rule i：

IF $z_1(t)$ is μ_{i1}，and …，and $z_s(t)$ is μ_{is}，THEN

$$\begin{cases}\dot{\boldsymbol{x}}(t)=\boldsymbol{A}_i\boldsymbol{x}(t)+\boldsymbol{B}_i\boldsymbol{u}(t)+\boldsymbol{F}_i\boldsymbol{f}(t)\\ \boldsymbol{y}(t)=\boldsymbol{C}_i\boldsymbol{x}(t)\end{cases}\tag{2-79}$$

式中，$i=1,2,\cdots,q$，q 为模糊规则数；$z_j(t)(j=1,2,\cdots,s)$为模糊推理前件变量；μ_{ij} 为模糊集合；$\boldsymbol{x}\in\mathbb{R}^n$ 为系统的状态向量；$\boldsymbol{u}\in\mathbb{R}^m$ 为系统的控制输入向量；$\boldsymbol{y}\in\mathbb{R}^p$ 为系统的输出向量；$\boldsymbol{f}\in\mathbb{R}^l$ 为执行器故障（元器件故障）向量，且满足 $\|\dot{\boldsymbol{f}}\|\leqslant\delta$，$\delta\in(0,\infty)$；$\boldsymbol{A}_i$，$\boldsymbol{B}_i$，$\boldsymbol{C}_i$，$\boldsymbol{F}_i$ 为适当维数的常值矩阵；矩阵 $\boldsymbol{F}_i$ 为列满秩矩阵，且有 $\mathrm{rank}(\boldsymbol{C}_i\boldsymbol{F}_i)=\mathrm{rank}(\boldsymbol{F}_i)=l$。采用单点模糊化、乘积推理与中心平均清晰化方法，则 T－S 模糊模型可以写为

$$\begin{cases}\dot{\boldsymbol{x}}(t)=\displaystyle\sum_{i=1}^{q}h_i(\boldsymbol{z}(t))\left[\boldsymbol{A}_i\boldsymbol{x}(t)+\boldsymbol{B}_i\boldsymbol{u}(t)+\boldsymbol{F}_i\boldsymbol{f}(t)\right]\\ \boldsymbol{y}(t)=\displaystyle\sum_{i=1}^{q}h_i(\boldsymbol{z}(t))\boldsymbol{C}_i\boldsymbol{x}(t)\end{cases}\tag{2-80}$$

式中

$$\boldsymbol{z}(t)=\left[z_1(t),\cdots,z_s(t)\right],\quad h_i(\boldsymbol{z}(t))=\frac{\omega_i(\boldsymbol{z}(t))}{\displaystyle\sum_{i=1}^{q}\omega_i(\boldsymbol{z}(t))},\quad \omega_i(\boldsymbol{z}(t))=\prod_{j=1}^{s}\mu_{ij}(z_j(t))$$

式中，$\mu_{ij}(z_j(t))$为 $z_j(t)$在 μ_{ij} 中的隶属度。

假设对任意的 $\boldsymbol{z}(t)$都有

$$\sum_{i=1}^{q}\omega_i(\boldsymbol{z}(t))>0,\quad \omega_i(\boldsymbol{z}(t))\geqslant 0,\quad i=1,2,\cdots,q$$

那么 $h_i(\boldsymbol{z}(t))$满足

$$\sum_{i=1}^{q}h_i(\boldsymbol{z}(t))=1,\quad h_i(\boldsymbol{z}(t))\geqslant 0,\quad i=1,2,\cdots,q$$

本章的任务就是设计 T－S 模糊非线性系统（2－80）的二阶滑模观测器，并利用所设计的二阶滑模观测器实现系统（2－80）中故障 $\boldsymbol{f}$ 的估计。

首先对每个子系统作坐标变换，从而把系统(2-80)中可以测量的状态变量分离出来，以方便后续设计观测器来估计故障。

考虑坐标变换 $\boldsymbol{T}_i$ 与 $\boldsymbol{S}_i$，即

$$\boldsymbol{T}_i=\begin{bmatrix}\boldsymbol{F}_i^{\perp}\\(\boldsymbol{C}_i\boldsymbol{F}_i)^{+}\boldsymbol{C}_i\end{bmatrix}=\begin{bmatrix}\boldsymbol{T}_{i1}\\\boldsymbol{T}_{i2}\end{bmatrix},\quad \boldsymbol{S}_i=\begin{bmatrix}(\boldsymbol{C}_i\boldsymbol{F}_i)^{\perp}\\(\boldsymbol{C}_i\boldsymbol{F}_i)^{+}\end{bmatrix}=\begin{bmatrix}\boldsymbol{S}_{i1}\\\boldsymbol{S}_{i2}\end{bmatrix},\quad i=1,2,\cdots,q$$

对于任意的矩阵 $\boldsymbol{E}$，$\boldsymbol{E}^{\perp}$ 是使得 $\boldsymbol{E}^{\perp}\boldsymbol{E}=\boldsymbol{0}$ 的矩阵，$\boldsymbol{E}^{+}=[\boldsymbol{E}^{\mathrm{T}}\boldsymbol{E}]-1\boldsymbol{E}^{\mathrm{T}}$ 为 $\boldsymbol{E}$ 的左伪逆矩阵。$\boldsymbol{T}_i$ 与 $\boldsymbol{S}_i$ 的逆变换分别为

$$\boldsymbol{T}_i^{-1}=[[\boldsymbol{I}_n-\boldsymbol{F}_i(\boldsymbol{C}_i\boldsymbol{F}_i)^{+}\boldsymbol{C}_i](\boldsymbol{F}_i^{\perp})^{+},\boldsymbol{F}_i]$$
$$\boldsymbol{S}_i^{-1}=[[\boldsymbol{I}_p-(\boldsymbol{C}_i\boldsymbol{F}_i)(\boldsymbol{C}_i\boldsymbol{F}_i)^{+}][(\boldsymbol{C}_i\boldsymbol{F}_i)^{\perp}]^{+},\boldsymbol{C}_i\boldsymbol{F}_i]$$

记 $\hat{\boldsymbol{T}}_i=[\boldsymbol{I}-\boldsymbol{F}_i(\boldsymbol{C}_i\boldsymbol{F}_i)^{+}\boldsymbol{C}_i](\boldsymbol{F}_i^{\perp})^{+}$。为简洁起见，后面将 $\boldsymbol{x}(t)$ 简写为 $\boldsymbol{x}$，其余向量以此类推。

对应式(2-79)中的第 i 条模糊规则，取坐标变换 $\bar{\boldsymbol{x}}=\boldsymbol{T}_i\boldsymbol{x}$，$\bar{\boldsymbol{y}}=\boldsymbol{S}_i\boldsymbol{y}$，并采用单点模糊化、乘积推理与中心平均清晰化方法，则有

$$\begin{cases}\dot{\bar{\boldsymbol{x}}}_1=\sum_{i=1}^{q}h_i(\boldsymbol{z})(\bar{\boldsymbol{A}}_{i11}\bar{\boldsymbol{x}}_1+\bar{\boldsymbol{A}}_{i12}\bar{\boldsymbol{x}}_2+\boldsymbol{F}_i^{\perp}\boldsymbol{B}_i\boldsymbol{u})\\\bar{\boldsymbol{y}}_1=\sum_{i=1}^{q}h_i(\boldsymbol{z})\bar{\boldsymbol{C}}_{i1}\bar{\boldsymbol{x}}_1\end{cases}\tag{2-81}$$

$$\begin{cases}\dot{\bar{\boldsymbol{x}}}_2=\sum_{i=1}^{q}h_i(\boldsymbol{z})(\bar{\boldsymbol{A}}_{i21}\bar{\boldsymbol{x}}_1+\bar{\boldsymbol{A}}_{i22}\bar{\boldsymbol{x}}_2+(\boldsymbol{C}_i\boldsymbol{F}_i)^{+}\boldsymbol{C}_i\boldsymbol{B}_i\boldsymbol{u}+\boldsymbol{f})\\\bar{\boldsymbol{y}}_2=\bar{\boldsymbol{x}}_2\end{cases}\tag{2-82}$$

式中，$\bar{\boldsymbol{x}}_1\in\mathbb{R}^{n-l}$，$\bar{\boldsymbol{x}}_2\in\mathbb{R}^{l}$，$\bar{\boldsymbol{y}}_1\in\mathbb{R}^{p-l}$，$\bar{\boldsymbol{y}}_2\in\mathbb{R}^{l}$，变换后的矩阵分别为

$$\begin{bmatrix}\bar{\boldsymbol{A}}_{i11}&\bar{\boldsymbol{A}}_{i12}\\\bar{\boldsymbol{A}}_{i21}&\bar{\boldsymbol{A}}_{i22}\end{bmatrix}=\boldsymbol{T}_i\boldsymbol{A}_i\boldsymbol{T}_i-1,\quad\begin{bmatrix}\bar{\boldsymbol{B}}_{i1}\\\bar{\boldsymbol{B}}_{i2}\end{bmatrix}=\begin{bmatrix}\boldsymbol{F}_i^{\perp}\boldsymbol{B}_i\\(\boldsymbol{C}_i\boldsymbol{F}_i)^{+}\boldsymbol{C}_i\boldsymbol{B}_i\end{bmatrix}=\boldsymbol{T}_i\boldsymbol{B}_i$$

$$\begin{bmatrix}\bar{\boldsymbol{C}}_{i1}&\boldsymbol{0}\\\boldsymbol{0}&\bar{\boldsymbol{C}}_{i2}\end{bmatrix}=\begin{bmatrix}(\boldsymbol{C}_i\boldsymbol{F}_i)^{\perp}\boldsymbol{C}_i\hat{\boldsymbol{T}}_i&\boldsymbol{0}\\\boldsymbol{0}&\boldsymbol{I}_l\end{bmatrix}=\boldsymbol{S}_i\boldsymbol{C}_i\boldsymbol{T}_i^{-1},\quad\begin{bmatrix}\bar{\boldsymbol{F}}_{i1}\\\bar{\boldsymbol{F}}_{i2}\end{bmatrix}=\begin{bmatrix}\boldsymbol{0}\\\boldsymbol{I}_l\end{bmatrix}=\boldsymbol{T}_i\boldsymbol{F}_i$$

由于系统(2-81)和(2-82)与系统(2-80)是等价的，后面将针对系统(2-81)与系统(2-82)设计故障诊断观测器。

2.4.2　二阶滑模观测器设计

1. 观测器的构建

针对 T-S 模糊非线性系统(2-81)与(2-82)，设计如下 Luenberger 观测器与二阶滑模观测器：

$$\dot{\hat{\boldsymbol{x}}}_1=\sum_{i=1}^{q}h_i(\boldsymbol{z})\left[\bar{\boldsymbol{A}}_{i11}\hat{\boldsymbol{x}}_1+\bar{\boldsymbol{A}}_{i12}\bar{\boldsymbol{y}}_2+\boldsymbol{F}_i^{\perp}\boldsymbol{B}_i\boldsymbol{u}+\boldsymbol{L}_i\left(\bar{\boldsymbol{y}}_1-\sum_{r=1}^{q}h_r(\boldsymbol{z})\bar{\boldsymbol{C}}_{r1}\hat{\boldsymbol{x}}_1\right)\right] \tag{2-83}$$

$$\begin{cases}\dot{\hat{\boldsymbol{x}}}_2=\sum_{i=1}^{q}h_i(\boldsymbol{z})\left[\bar{\boldsymbol{A}}_{i21}\hat{\boldsymbol{x}}_1+\bar{\boldsymbol{A}}_{i22}\bar{\boldsymbol{y}}_2+(\boldsymbol{C}_i\boldsymbol{F}_i)^{+}\boldsymbol{C}_i\boldsymbol{B}_i\boldsymbol{u}+\boldsymbol{v}\right]\\ \hat{\boldsymbol{y}}_2=\hat{\boldsymbol{x}}_2\end{cases} \tag{2-84}$$

式中，$\boldsymbol{L}_i$ 是将要设计的 Luenberger 观测器增益矩阵。为了增加二阶滑模观测器设计的自由度，在 Super-twisting 二阶滑模项中引入线性项，具体为

$$\begin{cases}\boldsymbol{v}(t)=\boldsymbol{v}_1(t)+\boldsymbol{v}_2(t)\\ \boldsymbol{v}_1(t)=-k_1\left|\boldsymbol{e}_2\right|^{1/2}\operatorname{sgn}(\boldsymbol{e}_2)-k_2\boldsymbol{e}_2\\ \dot{\boldsymbol{v}}_2(t)=-k_3\operatorname{sgn}(\boldsymbol{e}_2)-k_4\boldsymbol{e}_2\end{cases} \tag{2-85}$$

式(2-85)中，$\boldsymbol{e}_2=\hat{\boldsymbol{x}}_2-\bar{\boldsymbol{x}}_2$，$\left|\boldsymbol{e}_2\right|^{1/2}\operatorname{sgn}(\boldsymbol{e}_2)$写成分量，即

$$\left|\boldsymbol{e}_2\right|^{1/2}\operatorname{sgn}(\boldsymbol{e}_2)=\left[\left|\boldsymbol{e}_{21}\right|^{1/2}\operatorname{sgn}(\boldsymbol{e}_{21}),\cdots,\left|\boldsymbol{e}_{2l}\right|^{1/2}\operatorname{sgn}(\boldsymbol{e}_{2l})\right]^{\mathrm{T}}$$

参数 $k_1,k_2,k_3,k_4>0$ 是后面需要设计的二阶滑模观测器的增益值，sgn 表示符号函数。选择滑模面为

$$\boldsymbol{e}_2=\boldsymbol{0}$$

令 $\boldsymbol{e}_1=\hat{\boldsymbol{x}}_1-\bar{\boldsymbol{x}}_1$，由式(2-83)减去式(2-81)的第一个方程，式(2-84)的第一个方程减去式(2-82)中的第一个方程，得到观测误差动态系统，即

$$\dot{\boldsymbol{e}}_1=\sum_{i=1}^{q}h_i(\boldsymbol{z})\left[\bar{\boldsymbol{A}}_{i11}-\boldsymbol{L}_i\sum_{r=1}^{q}h_r(\boldsymbol{z})\bar{\boldsymbol{C}}_{r1}\right]\boldsymbol{e}_1 \tag{2-86}$$

$$\dot{\boldsymbol{e}}_2=\sum_{i=1}^{q}h_i(\boldsymbol{z})\bar{\boldsymbol{A}}_{i21}\boldsymbol{e}_1+\boldsymbol{v}-\boldsymbol{f} \tag{2-87}$$

2. 稳定性证明

下面将证明观测误差动态系统(2-86)与(2-87)的稳定性。

定理 2-4　考虑 T-S 模糊非线性系统(2-81)与(2-82)，对于给定的正数 ρ，若存在正定矩阵 $\boldsymbol{P}_1$ 与矩阵 $\boldsymbol{Y}_i$ 使得下面的 LMI

$$\boldsymbol{P}_1\bar{\boldsymbol{A}}_{i11}+\bar{\boldsymbol{A}}_{i11}^{\mathrm{T}}\boldsymbol{P}_1-\boldsymbol{Y}_i\bar{\boldsymbol{C}}_{r1}-\bar{\boldsymbol{C}}_{r1}^{\mathrm{T}}\boldsymbol{Y}_i^{\mathrm{T}}+\rho\boldsymbol{P}_1<\boldsymbol{0} \tag{2-88}$$

成立，$i,r=1,2,\cdots,q$，则可以设计 Luenberger 观测器(2-83)，其中 $\boldsymbol{L}_i=\boldsymbol{P}_1^{-1}\boldsymbol{Y}_i$，使得观测误差动态系统(2-86)是渐近稳定的。

证明　取 Lyapunov 泛函 $V=\boldsymbol{e}_1^{\mathrm{T}}\boldsymbol{P}_1\boldsymbol{e}_1$，对 V 沿着系统(2-86)求导可得

$$\begin{aligned}\dot{V}&=\sum_{i=1}^{q}h_i(\boldsymbol{z})\boldsymbol{e}_1^{\mathrm{T}}\left[\boldsymbol{P}_1\left(\bar{\boldsymbol{A}}_{i11}-\boldsymbol{L}_i\sum_{r=1}^{q}h_r(\boldsymbol{z})\bar{\boldsymbol{C}}_{r1}\right)+\left(\bar{\boldsymbol{A}}_{i11}-\boldsymbol{L}_i\sum_{r=1}^{q}h_r(\boldsymbol{z})\bar{\boldsymbol{C}}_{r1}\right)^{\mathrm{T}}\boldsymbol{P}_1\right]\boldsymbol{e}_1\\&=\sum_{i=1}^{q}h_i(\boldsymbol{z})\boldsymbol{e}_1^{\mathrm{T}}\left[\sum_{r=1}^{q}h_r(\boldsymbol{z})\boldsymbol{P}_1(\bar{\boldsymbol{A}}_{i11}-\boldsymbol{L}_i\bar{\boldsymbol{C}}_{r1})+\sum_{r=1}^{q}h_r(\boldsymbol{z})(\bar{\boldsymbol{A}}_{i11}-\boldsymbol{L}_i\bar{\boldsymbol{C}}_{r1})^{\mathrm{T}}\boldsymbol{P}_1\right]\boldsymbol{e}_1\end{aligned}$$

$$=\sum_{i=1}^{q}\sum_{r=1}^{q}h_i(\boldsymbol{z})h_r(\boldsymbol{z})\boldsymbol{e}_1^{\mathrm{T}}[\boldsymbol{P}_1(\bar{\boldsymbol{A}}_{i11}-\boldsymbol{L}_i\bar{\boldsymbol{C}}_{r1})+(\bar{\boldsymbol{A}}_{i11}-\boldsymbol{L}_i\bar{\boldsymbol{C}}_{r1})^{\mathrm{T}}\boldsymbol{P}_1]\boldsymbol{e}_1$$

若存在正定矩阵 $\boldsymbol{P}_1$ 使得如下矩阵不等式

$$\boldsymbol{P}_1(\bar{\boldsymbol{A}}_{i11}-\boldsymbol{L}_i\bar{\boldsymbol{C}}_{r1})+(\bar{\boldsymbol{A}}_{i11}-\boldsymbol{L}_i\bar{\boldsymbol{C}}_{r1})^{\mathrm{T}}\boldsymbol{P}_1<(-\rho\boldsymbol{P}_1) \tag{2-89}$$

成立，那么有 $\dot{V}<-\rho V$，从而观测误差动态系统(2－86)是渐近稳定的。下面将利用LMI给出式(2－89)成立的条件。

令 $\boldsymbol{Y}_i=\boldsymbol{P}_1\boldsymbol{L}_i$，则式(2－89)等价于式(2－88)所示的LMI，从而观测误差动态系统(2－86)是渐近稳定的，且观测器增益矩阵 $\boldsymbol{L}_i=\boldsymbol{P}_1^{-1}\boldsymbol{Y}_i$。证毕。

由定理2－4知 $\dot{V}<-\rho V$，从而 $V(t)<V(0)\exp(-\rho t)$，即

$\boldsymbol{e}_1^{\mathrm{T}}\boldsymbol{P}_1\boldsymbol{e}_1<V(0)\exp(-\rho t)$，那么 $\|\boldsymbol{e}_1(t)\|^2\lambda_{\min}(\boldsymbol{P}_1)<\boldsymbol{e}_1^{\mathrm{T}}(0)\lambda_{\max}(\boldsymbol{P}_1)\boldsymbol{e}_1(0)\exp(-\rho t)$

进而有
$$\|\boldsymbol{e}_1\|<\sqrt{\frac{\lambda_{\max}(\boldsymbol{P}_1)}{\lambda_{\min}(\boldsymbol{P}_1)}}\|\boldsymbol{e}_1(0)\|\exp\left(-\frac{\rho}{2}t\right):=\alpha(t) \tag{2-90}$$

式(2－90)中“:=”表示记为，后文均这样简记。由式(2－86)与式(2－90)可得

$$\begin{aligned}\|\dot{\boldsymbol{e}}_1\|&=\left\|\sum_{i=1}^{q}h_i(\boldsymbol{z})\left[\bar{\boldsymbol{A}}_{i11}-\boldsymbol{L}_i\sum_{r=1}^{q}h_r(\boldsymbol{z})\bar{\boldsymbol{C}}_{r1}\right]\boldsymbol{e}_1\right\|\\&\leqslant\left[\left\|\sum_{i=1}^{q}h_i(\boldsymbol{z})\bar{\boldsymbol{A}}_{i11}\right\|+\left\|\sum_{i=1}^{q}\sum_{r=1}^{q}h_i(\boldsymbol{z})h_r(\boldsymbol{z})\boldsymbol{L}_i\bar{\boldsymbol{C}}_{r1}\right\|\right]\|\boldsymbol{e}_1\|\\&\leqslant\left[\left\|\sum_{i=1}^{q}h_i(\boldsymbol{z})\bar{\boldsymbol{A}}_{i11}\right\|+\left\|\sum_{i=1}^{q}\sum_{r=1}^{q}h_i(\boldsymbol{z})h_r(\boldsymbol{z})\boldsymbol{L}_i\bar{\boldsymbol{C}}_{r1}\right\|\right]\alpha(t):=\beta(t)\end{aligned} \tag{2-91}$$

令 $\tilde{\boldsymbol{\omega}}=\sum_{i=1}^{q}h_i(\boldsymbol{z})\bar{\boldsymbol{A}}_{i21}\boldsymbol{e}_1-\boldsymbol{f}$，根据式(2－90)与式(2－91)知

$$\begin{aligned}\|\dot{\tilde{\boldsymbol{\omega}}}\|&=\left\|\sum_{i=1}^{q}\frac{\mathrm{d}h_i(\boldsymbol{z})}{\mathrm{d}t}\bar{\boldsymbol{A}}_{i21}\boldsymbol{e}_1\right\|+\sum_{i=1}^{q}h_i(\boldsymbol{z})\|\bar{\boldsymbol{A}}_{i21}\dot{\boldsymbol{e}}_1\|+\|\dot{\boldsymbol{f}}\|\\&\leqslant\left\|\sum_{i=1}^{q}\frac{\mathrm{d}h_i(\boldsymbol{z})}{\mathrm{d}t}\bar{\boldsymbol{A}}_{i21}\right\|\alpha(t)+\sum_{i=1}^{q}h_i(\boldsymbol{z})\|\bar{\boldsymbol{A}}_{i21}\|\beta(t)+\delta\end{aligned}$$

记
$$\gamma=\left\|\sum_{i=1}^{q}\frac{\mathrm{d}h_i(\boldsymbol{z})}{\mathrm{d}t}\bar{\boldsymbol{A}}_{i21}\right\|\alpha(t)+\sum_{i=1}^{q}h_i(\boldsymbol{z})\|\bar{\boldsymbol{A}}_{i21}\|\beta(t)+\delta$$

则有
$$\|\dot{\tilde{\boldsymbol{\omega}}}\|\leqslant\gamma \tag{2-92}$$

定理2－5 考虑T－S模糊非线性系统(2－81)与(2－82)，若参数 k_1,k_2,k_3,k_4 满足

$$k_1^2+2k_3-2\gamma>0 \tag{2-93}$$

$$4k_4\left(k_3-\gamma-\frac{2\gamma^2}{k_1^2}\right)>k_2^2\left(9k_1^2+8k_3+28\gamma+\frac{20\gamma^2}{k_1^2}\right) \tag{2-94}$$

那么可以设计二阶滑模观测器(2－84)，使得观测误差动态系统(2－87)是有限时间稳定的。

证明　令

$$\boldsymbol{\varphi}=\tilde{\boldsymbol{\omega}}-\int_0^t\left[k_3\operatorname{sgn}(\boldsymbol{e}_2)+k_4\boldsymbol{e}_2\right]\mathrm{d}\tau \tag{2-95}$$

则观测误差动态系统(2－87)变为

$$\dot{\boldsymbol{e}}_2=-k_1\left|\boldsymbol{e}_2\right|^{1/2}\operatorname{sgn}(\boldsymbol{e}_2)-k_2\boldsymbol{e}_2+\boldsymbol{\varphi} \tag{2-96}$$

$$\dot{\boldsymbol{\varphi}}=-k_3\operatorname{sgn}(\boldsymbol{e}_2)-k_4\boldsymbol{e}_2+\dot{\tilde{\boldsymbol{\omega}}} \tag{2-97}$$

记 $\boldsymbol{w}=\left[\left|\boldsymbol{e}_2\right|^{1/2}\operatorname{sgn}(\boldsymbol{e}_2),\boldsymbol{e}_2,\boldsymbol{\varphi}\right]^{\mathrm{T}}$，$\boldsymbol{w}$ 的分量为

$$\boldsymbol{w}_{\bar{n}}=\left[\left|e_{2\bar{n}}\right|^{1/2}\operatorname{sgn}(e_{2\bar{n}}),e_{2\bar{n}},\varphi_{\bar{n}}\right]^{\mathrm{T}},\quad \bar{n}=1,2,\cdots,l$$

$\tilde{\boldsymbol{\omega}}$ 写成分量形式为 $\tilde{\boldsymbol{\omega}}=\left[\tilde{\omega}_1,\tilde{\omega}_2,\cdots,\tilde{\omega}_l\right]^{\mathrm{T}}$。

下面来证明观测误差动态系统(2－96)与(2－97)是有限时间稳定的，那么观测误差动态系统(2－87)将是有限时间稳定的。

选取 Lyapunov 泛函

$$V_{\bar{n}}=\boldsymbol{w}_{\bar{n}}^{\mathrm{T}}\boldsymbol{P}_2\boldsymbol{w}_{\bar{n}},\quad \bar{n}=1,2,\cdots,l$$

其中，$\boldsymbol{P}_2=\frac{1}{2}\begin{bmatrix}4k_3+k_1^2 & k_1k_2 & -k_1\\ k_1k_2 & 2k_4+k_2^2 & -k_2\\ -k_1 & -k_2 & 2\end{bmatrix}$。由于 k_1,k_2,k_3,k_4 是正数，因此 $\boldsymbol{P}_2$ 是正定的。

对 $V_{\bar{n}}$ 沿着系统(2－96)与(2－97)求导可得

$$\dot{V}_{\bar{n}}=-\frac{1}{\left|e_{2\bar{n}}\right|^{1/2}}\boldsymbol{w}_{\bar{n}}^{\mathrm{T}}\boldsymbol{\Pi}_1\boldsymbol{w}_{\bar{n}}-\boldsymbol{w}_{\bar{n}}^{\mathrm{T}}\boldsymbol{\Pi}_2\boldsymbol{w}_{\bar{n}}+\dot{\tilde{\omega}}_{\bar{n}}\boldsymbol{a}^{\mathrm{T}}\boldsymbol{w}_{\bar{n}} \tag{2-98}$$

式中

$$\boldsymbol{\Pi}_1=\frac{k_1}{2}\begin{bmatrix}2k_3+k_1^2 & 0 & -k_1\\ 0 & 2k_4+5k_2^2 & -3k_2\\ -k_1 & -3k_2 & 1\end{bmatrix},\quad \boldsymbol{\Pi}_2=k_2\begin{bmatrix}k_3+2k_1^2 & 0 & 0\\ 0 & k_4+k_2^2 & -k_2\\ 0 & -k_2 & 1\end{bmatrix}$$

$$\boldsymbol{a}^{\mathrm{T}}=\left[-k_1,-k_2,2\right]$$

通过计算可得

$$\dot{\tilde{\omega}}_{\bar{n}}\boldsymbol{a}^{\mathrm{T}}\boldsymbol{w}_{\bar{n}}=\frac{1}{\left|e_{2\bar{n}}\right|^{1/2}}\boldsymbol{w}_{\bar{n}}^{\mathrm{T}}\boldsymbol{M}_{1\bar{n}}\boldsymbol{w}_{\bar{n}}+\boldsymbol{w}_{\bar{n}}^{\mathrm{T}}\boldsymbol{M}_{2\bar{n}}\boldsymbol{w}_{\bar{n}} \tag{2-99}$$

式中，

$$\boldsymbol{M}_{1\bar{n}}=\begin{bmatrix}-k_1\dot{\tilde{\omega}}_{\bar{n}}\operatorname{sgn}(e_{2\bar{n}}) & 0 & \dot{\tilde{\omega}}_{\bar{n}}\operatorname{sgn}(e_{2\bar{n}})\\ 0 & 0 & 0\\ \dot{\tilde{\omega}}_{\bar{n}}\operatorname{sgn}(e_{2\bar{n}}) & 0 & 0\end{bmatrix},\quad \boldsymbol{M}_{2\bar{n}}=\begin{bmatrix}-k_2\dot{\tilde{\omega}}_{\bar{n}}\operatorname{sgn}(e_{2\bar{n}}) & 0 & 0\\ 0 & 0 & 0\\ 0 & 0 & 0\end{bmatrix}$$

由式(2－98)与式(2－99)可知

$$\begin{aligned}\dot{V}_{\bar{n}} &= -\frac{1}{|e_{2\bar{n}}|^{1/2}}\boldsymbol{w}_{\bar{n}}^{\mathrm{T}}\boldsymbol{\Pi}_1\boldsymbol{w}_{\bar{n}} - \boldsymbol{w}_{\bar{n}}^{\mathrm{T}}\boldsymbol{\Pi}_2\boldsymbol{w}_{\bar{n}} + \dot{\bar{\omega}}_{\bar{n}}\boldsymbol{a}^{\mathrm{T}}\boldsymbol{w}_{\bar{n}} \\ &= -\frac{1}{|e_{2\bar{n}}|^{1/2}}\boldsymbol{w}_{\bar{n}}^{\mathrm{T}}(\boldsymbol{\Pi}_1 - \boldsymbol{M}_{1\bar{n}})\boldsymbol{w}_{\bar{n}} - \boldsymbol{w}_{\bar{n}}^{\mathrm{T}}(\boldsymbol{\Pi}_2 - \boldsymbol{M}_{2\bar{n}})\boldsymbol{w}_{\bar{n}}\end{aligned} \tag{2-100}$$

令 $\boldsymbol{\Gamma}_{1\bar{n}} = \boldsymbol{\Pi}_1 - \boldsymbol{M}_{1\bar{n}}$，$\boldsymbol{\Gamma}_{2\bar{n}} = \boldsymbol{\Pi}_2 - \boldsymbol{M}_{2\bar{n}}$。矩阵 $\boldsymbol{\Gamma}_{1\bar{n}} > \boldsymbol{0}$ 的必要充分条件是它的各阶主子式均为正，即

$$k_1^2 + 2k_3 + 2\dot{\bar{\omega}}_{\bar{n}}\operatorname{sgn}(e_{2\bar{n}}) > 0 \tag{2-101}$$

$$(k_1^2 + 2k_3 + 2\dot{\bar{\omega}}_{\bar{n}}\operatorname{sgn}(e_{2\bar{n}}))(5k_2^2 + 2k_4) > 0 \tag{2-102}$$

$$4k_4\left(k_3 - \dot{\bar{\omega}}_{\bar{n}}\operatorname{sgn}(e_{2\bar{n}}) - \frac{2\dot{\bar{\omega}}_{\bar{n}}^2}{k_1^2}\right) > k_2^2\left(9k_1^2 + 8k_3 + 28\dot{\bar{\omega}}_{\bar{n}}\operatorname{sgn}(e_{2\bar{n}}) + \frac{20\dot{\bar{\omega}}_{\bar{n}}^2}{k_1^2}\right) \tag{2-103}$$

同理可得，$\boldsymbol{\Gamma}_{2\bar{n}} > \boldsymbol{0}$ 的必要充分条件是

$$2k_1^2 + k_3 + \dot{\bar{\omega}}_{\bar{n}}\operatorname{sgn}(e_{2\bar{n}}) > 0 \tag{2-104}$$

显然，式(2－101)蕴含式(2－104)，从而可知矩阵 $\boldsymbol{\Gamma}_{1\bar{n}}$ 与 $\boldsymbol{\Gamma}_{2\bar{n}}$ 同时正定的条件是式(2－101)～式(2－103)成立。式(2－101)～式(2－103)成立的一个充分条件正是定理 2－5 的条件式(2－93)与式(2－94)。

此外，

$$\lambda_{\min}(\boldsymbol{P}_2)\|\boldsymbol{w}_{\bar{n}}\|^2 \leqslant V_{\bar{n}} = \boldsymbol{w}_{\bar{n}}^{\mathrm{T}}\boldsymbol{P}_2\boldsymbol{w}_{\bar{n}} \leqslant \lambda_{\max}(\boldsymbol{P}_2)\|\boldsymbol{w}_{\bar{n}}\|^2 \tag{2-105}$$

式中，$\lambda_{\min}(\boldsymbol{P}_2)$ 与 $\lambda_{\max}(\boldsymbol{P}_2)$ 分别为 $\boldsymbol{P}_2$ 的最小与最大特征值。由式(2－105)可知

$$|e_{2\bar{n}}|^{1/2} \leqslant \|\boldsymbol{w}_{\bar{n}}\| \leqslant \frac{V_{\bar{n}}^{1/2}}{[\lambda_{\min}(\boldsymbol{P}_2)]^{1/2}} \tag{2-106}$$

式中，$\|\boldsymbol{w}_{\bar{n}}\| = \sqrt{|e_{2\bar{n}}| + |e_{2\bar{n}}|^2 + |\varphi_{\bar{n}}|^2}$。

从而，根据式(2－100)、式(2－105)与式(2－106)得到

$$\begin{aligned}\dot{V}_{\bar{n}} &= -\frac{1}{|e_{2\bar{n}}|^{1/2}}\boldsymbol{w}_{\bar{n}}^{\mathrm{T}}\boldsymbol{\Gamma}_{1\bar{n}}\boldsymbol{w}_{\bar{n}} - \boldsymbol{w}_{\bar{n}}^{\mathrm{T}}\boldsymbol{\Gamma}_{2\bar{n}}\boldsymbol{w}_{\bar{n}} \\ &\leqslant -\mu_{1\bar{n}}V_{\bar{n}}\frac{1}{2} - \mu_{2\bar{n}}V_{\bar{n}} \\ &\leqslant -\mu_{1\bar{n}}V_{\bar{n}}\frac{1}{2}\end{aligned} \tag{2-107}$$

式中，$\mu_{1\bar{n}} = \dfrac{[\lambda_{\min}(\boldsymbol{P}_2)]^{1/2}\lambda_{\min}(\boldsymbol{\Gamma}_{1\bar{n}})}{\lambda_{\max}(\boldsymbol{P}_2)}$，$\mu_{2\bar{n}} = \dfrac{\lambda_{\min}(\boldsymbol{\Gamma}_{2\bar{n}})}{\lambda_{\max}(\boldsymbol{P}_2)}$。

由式(2－107)及引理 2－3 可知，$\boldsymbol{e}_2$ 与 $\boldsymbol{\varphi}$ 在有限时间收敛到 $\boldsymbol{0}$，从而观测误差动态系统(2－87)是有限时间稳定的。证毕。

2.4.3　故障估计

本小节利用 2.4.2 小节设计的二阶滑模观测器来估计故障 $\boldsymbol{f}$。

定理 2-6　考虑 T-S 模糊非线性系统(2-81)与(2-82)，对于给定的正数 ρ，若存在正定矩阵 $\boldsymbol{P}_1$ 与矩阵 $\boldsymbol{Y}_i$，$i=1,2,\cdots,q$，使得 LMI(2-88)成立，参数 k_1,k_2,k_3,k_4 满足式(2-93)与式(2-94)，那么故障 $\boldsymbol{f}$ 的估计为

$$\hat{\boldsymbol{f}}=-\int_0^t\left[k_3\operatorname{sgn}(\boldsymbol{e}_2)+k_4\boldsymbol{e}_2\right]\mathrm{d}\tau \tag{2-108}$$

证明　根据定理 2-5 可知，在有限时间内 $\boldsymbol{\varphi}\rightarrow\boldsymbol{0}$，由 $\boldsymbol{\varphi}$ 的表达式(2-95)知 $\tilde{\boldsymbol{\omega}}-\int_0^t\left[k_3\operatorname{sgn}(\boldsymbol{e}_2)+k_4\boldsymbol{e}_2\right]\mathrm{d}\tau\rightarrow\boldsymbol{0}$。代入 $\tilde{\boldsymbol{\omega}}=\sum_{i=1}^{q}h_i(\boldsymbol{z})\bar{\boldsymbol{A}}_{i21}\boldsymbol{e}_1-\boldsymbol{f}$，那么

$$\sum_{i=1}^{q}h_i(\boldsymbol{z})\bar{\boldsymbol{A}}_{i21}\boldsymbol{e}_1-\boldsymbol{f}-\int_0^t\left[k_3\operatorname{sgn}(\boldsymbol{e}_2)+k_4\boldsymbol{e}_2\right]\mathrm{d}\tau\rightarrow\boldsymbol{0} \tag{2-109}$$

由定理 2-4 的结论可知，$\boldsymbol{e}_1\rightarrow\boldsymbol{0}$，从而由式(2-109)得到系统(2-80)中故障 $\boldsymbol{f}$ 的估计值 $\hat{\boldsymbol{f}}=-\int_0^t\left[k_3\operatorname{sgn}(\boldsymbol{e}_2)+k_4\boldsymbol{e}_2\right]\mathrm{d}\tau$。证毕。

由式(2-108)可知，利用二阶滑模观测器(2-84)与(2-82)的输出就可以实现故障估计，从而可以在线对故障进行估计。

2.4.4　仿真分析

本节以液压传动系统为例进行仿真分析。由于液压传动具有质量轻、体积小、传输功率大、效率高、自润滑和便于控制等优点，能够满足飞机在起动、加速、加力、减速等过渡过程中的控制要求，因此已广泛应用于方向舵控制系统、襟翼收放系统、起落架收放系统、刹车液压系统等。为了保证飞行安全，必须密切监控液压传动系统中出现的故障。考虑液压传动系统[65]，采用 T-S 模糊模型建模：

$$\begin{cases}\dot{\boldsymbol{q}}(t)=\sum_{i=1}^{4}h_i(\boldsymbol{z}(t))\left[\boldsymbol{A}_i\boldsymbol{q}(t)+\boldsymbol{B}_i\boldsymbol{u}(t)+\boldsymbol{F}_i\boldsymbol{f}(t)\right]\\ \boldsymbol{y}(t)=\boldsymbol{C}\boldsymbol{q}(t)\end{cases} \tag{2-110}$$

状态 $\boldsymbol{q}=[q_1\quad q_2\quad q_3\quad q_4]^{\mathrm{T}}$，各个状态分别为液压泵转角(rad)、液压电动机转角(rad)、压力差(bar)与液压电动机转速(rad/s)。控制输入 $\boldsymbol{u}=[u_1\quad u_2]^{\mathrm{T}}$，分别为液压泵控制信号与液压电机控制信号。输出向量 $\boldsymbol{y}=[q_1\quad q_2\quad q_4]^{\mathrm{T}}$。系统矩阵如下：

$$\boldsymbol{A}_1=\begin{bmatrix}-7.6923 & 0 & 0 & 0\\ 0 & -4.5455 & 0 & 0\\ 82.7086 & 0 & -0.0008 & 0\\ 0 & 0 & 0 & -0.4143\end{bmatrix}$$

$$\boldsymbol{A}_2=\begin{bmatrix}-7.6923 & 0 & 0 & 0\\ 0 & -4.5455 & 0 & 0\\ 236.3103 & 0 & -0.0008 & 0\\ 0 & 0 & 0 & -0.4143\end{bmatrix}$$

$$\boldsymbol{A}_3=\begin{bmatrix}-7.6923 & 0 & 0 & 0\\ 0 & -4.5455 & 0 & 0\\ 82.7086 & 0 & -0.0008 & -0.9235\\ 0 & 0 & 12.1967 & -0.4143\end{bmatrix}$$

$$\boldsymbol{A}_4=\begin{bmatrix}-7.6923 & 0 & 0 & 0\\ 0 & -4.5455 & 0 & 0\\ 236.3103 & 0 & -0.0008 & -0.9235\\ 0 & 0 & 12.1967 & -0.4143\end{bmatrix}$$

$$\boldsymbol{B}_i=\begin{bmatrix}1859 & 0\\ 0 & 1287.9\\ 0 & 0\\ 0 & 0\end{bmatrix},\quad \boldsymbol{C}=\boldsymbol{C}_i=\begin{bmatrix}1 & 0 & 0 & 0\\ 0 & 1 & 0 & 0\\ 0 & 0 & 0 & 1\end{bmatrix},\quad \boldsymbol{F}_i=\begin{bmatrix}1859 & 0\\ 0 & 1287.9\\ 0 & 0\\ 0 & 0\end{bmatrix}$$

隶属度函数为

$$h_1=q_2\,\frac{p-105}{195},\quad h_2=q_2\,\frac{300-p}{195},$$

$$h_3=(1-q_2)\,\frac{p-105}{195},\quad h_4=(1-q_2)\,\frac{300-p}{195}$$

式中，p 为液压泵的转速。

通过计算可知，$\text{rank}(\boldsymbol{C}_i\boldsymbol{F}_i)=\text{rank}(\boldsymbol{F}_i)=2$，通过坐标变换

$$\boldsymbol{T}_i=\begin{bmatrix}0 & 0 & 6\times10^{-7} & 0\\ 0 & 0 & 0 & 7\times10^{-7}\\ 5.379\times10^{-4} & 0 & 0 & 0\\ 0 & 7.765\times10^{-4} & 0 & 0\end{bmatrix}$$

$$\boldsymbol{S}_i=\begin{bmatrix}0 & 0 & 1\\ 5.379\times10^{-4} & 0 & 0\\ 0 & 7.765\times10^{-4} & 0\end{bmatrix}$$

得到

$$\bar{\boldsymbol{A}}_{111}=\bar{\boldsymbol{A}}_{211}=\begin{bmatrix}-0.0008 & 0\\ 0 & -0.4143\end{bmatrix},\quad \bar{\boldsymbol{A}}_{311}=\bar{\boldsymbol{A}}_{411}=\begin{bmatrix}-0.0008 & -0.7916\\ 14.2295 & -0.4143\end{bmatrix}$$

给定 $\rho=0.0015$，通过求解定理 2-4 中的 LMI(2-88)可以得到 $\boldsymbol{P}_1=\begin{bmatrix}42.5031 & -0.1529\\ -0.1529 & 2.3749\end{bmatrix}$，$\boldsymbol{Y}_i=\begin{bmatrix}0\\ 0\end{bmatrix}$，$\boldsymbol{L}_i=\begin{bmatrix}0\\ 0\end{bmatrix}$，由定理 2-5 设计二阶滑模观测

器增益 $k_1=1.3$，$k_2=0.4$，$k_3=4$，$k_4=5$，完成观测器(2-83)与(2-84)的设计。系统(2-110)的初始状态假设为 $[1\quad 1\quad 416\quad 327]^{\mathrm{T}}$，观测器(2-83)与(2-84)的初始状态假设为 $[0\quad 0\quad 0\quad 0]^{\mathrm{T}}$。

根据 2.4.3 节以及二阶滑模观测器(2-84)可得故障估计的示意图，如图 2-5 所示。

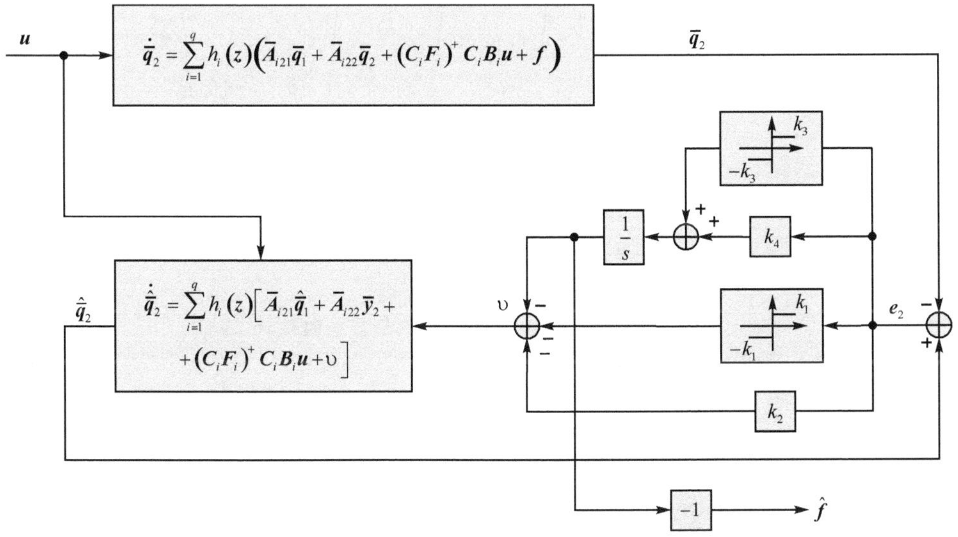

图 2-5　故障估计示意图

考虑执行器发生以下缓变故障

$$f(t)=0.4\sin\pi t,\quad 0\leqslant t\leqslant 10$$

从图 2-6 所示的仿真结果可以看出，本章提出的基于改进 Super-twisting 算法的二阶滑模观测器(Second Order Sliding Mode Observer based on Modified Super-Twisting Algorithm，SOSMOMSTA)故障估计方法能够很好地实现故障估计(图 2-6 中实线为故障 f，虚线为 $\hat{f}$)。针对系统(2-110)中的故障，采用传统的滑模观测器[19,25]来进行故障估计，仿真结果如图 2-7 所示。对比可以看出，传统的滑模观测器方法在实现故障估计时需要高频切换，结果导致真实故障信号湮没在故障估计信号中，从而无法实现故障估计。由于采用本章方法得到的故障估计表达式(2-108)是积分项，从而信号是连续的，因此本章提出的二阶滑模观测器能够稳定地实现故障估计。

再考虑执行器发生以下阶跃故障：

$$f(t)=\begin{cases}0, & t=0\\ 0.4, & 0<t\leqslant 10\end{cases}$$

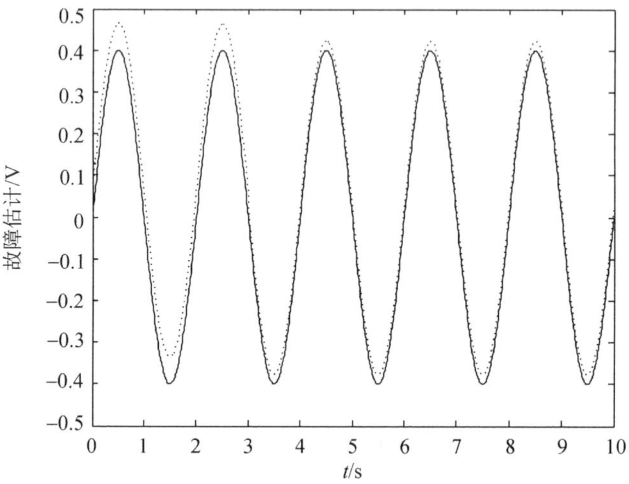

图 2-6　基于 SOSMOMSTA 的缓变故障估计

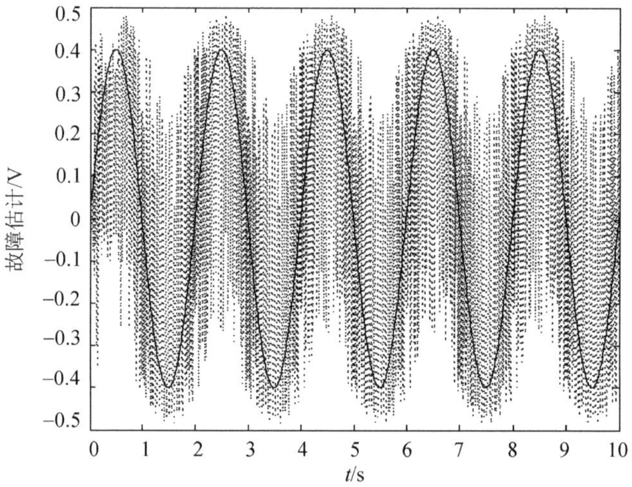

图 2-7　基于 TSMO 的缓变故障估计

本章方法与传统的滑模观测器[19,25]的故障估计仿真结果分别如图 2-8 与图 2-9 所示。

最后，考虑执行器发生以下间歇故障：

$$f(t)=\begin{cases}0.4, & 0<t\leqslant 3\\ 0, & 3<t\leqslant 7\\ 0.4, & 7<t\leqslant 10\end{cases}$$

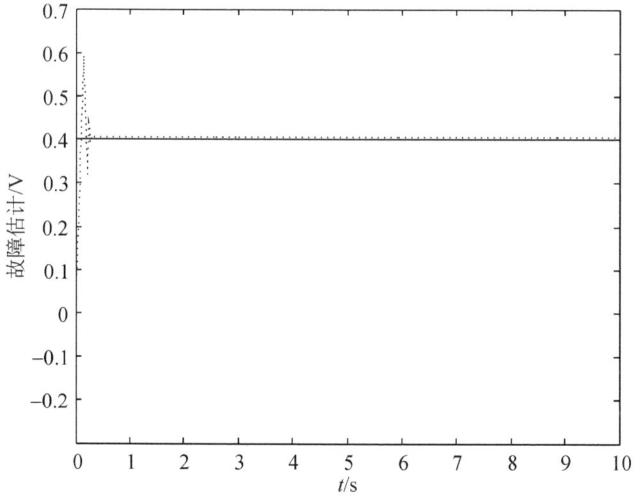

图 2-8　基于 SOSMOMSTA 的阶跃故障估计

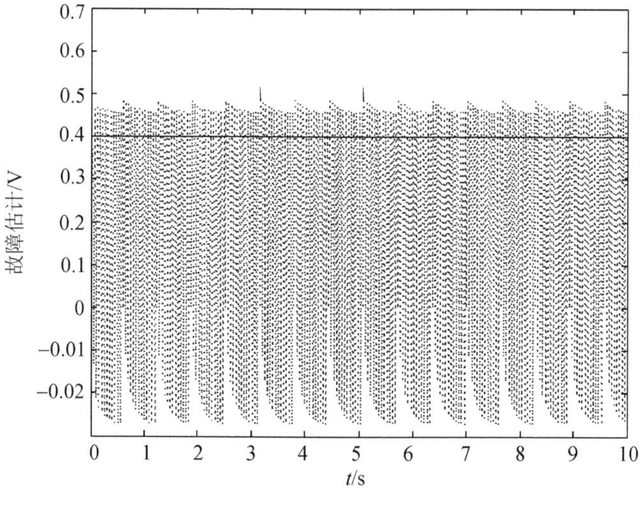

图 2-9　基于 TSMO 的阶跃故障估计

本章方法与传统的滑模观测器[19,25]的故障估计仿真结果分别如图 2-10 与图 2-11 所示。

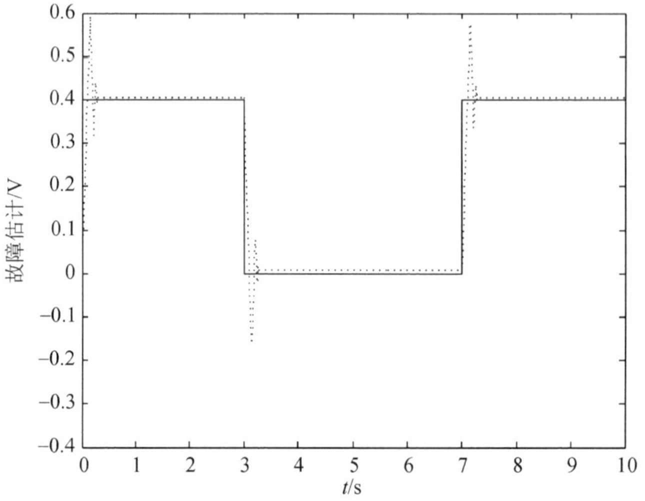

图 2-10　基于 SOSMOMSTA 的间歇故障估计

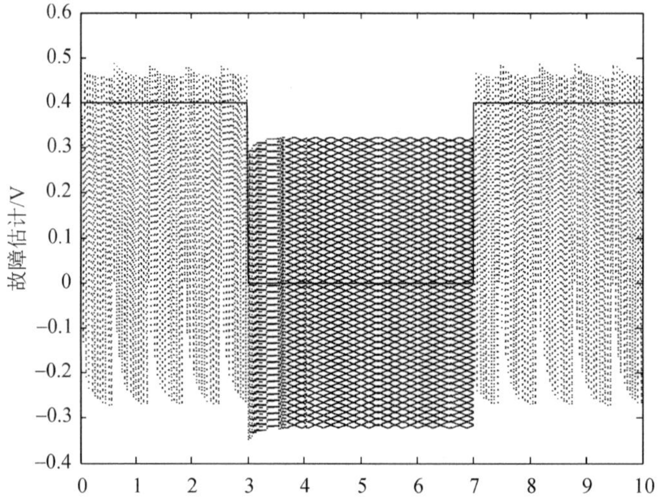

图 2-11　基于 TSMO 的间歇故障估计

从图 2-8～图 2-11 可以看出，本章提出的基于改进 Super-twisting 算法的二阶滑模观测器可以很好地实现对阶跃故障与间歇故障的估计，避免了传统的滑模观测器在实现这两类故障估计时带来的抖振问题。

2.5　本章小结

针对传统滑模观测器在实现故障估计时带来的抖振问题，本章提出一种二阶滑模观测器来研究非线性动态系统的故障估计问题。首先，针对 Lipschitz 非线性动态系统的故障估计，为方便观测器设计，通过坐标变换将系统中可以测量的状态分离出来。然后，采用 Lyapunov 泛函与 LMI 来设计观测器，并证明了观测误差动态系统的稳定性，在此基础上实现了对系统中故障的渐近估计。接下来，采用 T－S 模糊模型对非线性故障系统建模。为了增加二阶滑模观测器设计的自由度，在 Super-twisting 算法中引入线性项，并在第一部分研究的基础上，通过基于改进 Super-twisting 算法的二阶滑模观测器实现了对故障的稳定估计。最后，分别通过机械臂系统与液压传动系统的仿真分析验证了本章所提方法是有效的。

本章所提方法克服了传统滑模观测器在实现故障估计时带来的抖振问题，而且只需要观测器系统与研究系统的输出信息，从而可以稳定地实现在线故障估计。与传统的滑模观测器和自适应观测器一样，本章提出的故障估计方法也需要故障的上界信息才能完成观测器的设计。为了克服这一缺点，第 3 章将提出一种降维观测器来实现非线性动态系统的故障估计。

第3章 基于降维观测器的非线性动态系统的故障估计

3.1 引　言

在过去的五十多年中，基于观测器方法的故障检测得到了大量研究[14]。然而，故障检测仅仅是判断系统是否发生故障。相比之下，故障估计可以获知故障的幅度，特别是对于难以检测的缓变故障，故障估计能有效检测出故障并估计出故障的幅度，更为重要的是，通过故障估计得到的故障信息可以为实现主动容错控制策略服务[18]，进而可以用比较小的代价保证故障系统安全稳定地运行。

由于故障估计在故障诊断中的重要性，有失故障估计的问题得到了研究人员的广泛关注。其中，基于观测器方法的故障估计问题已经取得了不少成果。文献[19]～[27]通过滑模观测器来实现对系统中故障的估计。然而，滑模观测器在实现故障估计的同时，也不可避免地引进了抖振。此外，在滑模观测器的设计过程中，往往假设故障或干扰的上界是已知的，这在一定程度上限制了此类方法的应用范围。文献[29]～[37]利用自适应观测器估计故障，然而它们均假设故障、故障导数或故障频率的上界是已知的，可是在工程实际中很难获取这些参数，从而增加了故障估计实现的难度。文献[41]采用高增益观测器估计非线性动态系统的故障，同样需要知道故障的上界信息。文献[42]采用高阶高增益滑模观测器来估计故障，不过这要求干扰的上界是已知的。文献[43]通过神经网络设计观测器实现故障估计，但是此类方法需要依靠经验来获得参数。文献[45]将 Luenberger 观测器与学习观测器结合起来估计故障；文献[39]将降维观测器引入故障估计中，实现了对系统中执行器故障的估计。然而，文献[39]和[45]要求所研究的系统必须是线性的。已知大多数实际系统都有很强的非线性[17]，因此需要用非线性数学模型来描述系统。

通过上文的分析可知，在目前的故障估计研究中，很多文献都需要假设故障或故障导数以及干扰的上界是已知的[19-37,41-42]，而这些先验信息的获取是有难度的，从而增加了故障估计实现的难度。文献[39]通过状态变量设计控制器,从而为降维观测器实现故障估计提供控制信号。但是,系统的状态不一定通过测量得到,而且文献[39]的方法只适用于线性系统。针对非线性动态系统的执行器故障估计问题,考虑到目前上述研究中的不足,本章将在上述研究的基础上,设计一种降维观测器来实现非线性动态系统的故障估计。首先,通过坐标变换将研究的系统转化为合适的形式。然后,设计 H_∞ 输出反馈控制器为故障估计提供控制信号。在此基础上,利用设计的降维观测器实现 Lipschitz 非线性动态系统的故障估计。最后,将所设计的降维观测器方法扩展到 T－S 模糊非线性系统的故障估计中。

3.2 理论基础

3.2.1 H_∞理论

现代控制理论要求被控对象具有精确的数学模型,而在设计过程中并没有考虑模型的误差。由于在工程实践中所建立的数学模型不可避免地具有误差,因此限制了这种解析设计方法的应用。鲁棒控制就是为了弥补现代控制理论的这种缺陷而问世的。H_∞控制理论是目前解决鲁棒控制问题比较完善的理论体系[55]。

1. 问题的提出

为弥补现代控制理论和经典控制理论的不足,1981 年,加拿大学者 Zames 在控制系统设计中首次用明确的数学语言提出了用传递函数矩阵的 H_∞范数作为系统优化指标。

在被控对象的模型中引入干扰项,并考虑干扰对系统相应特性的影响。假设系统状态方程为

$$\begin{cases}\dot{\boldsymbol{x}}(t)=\boldsymbol{A}\boldsymbol{x}+\boldsymbol{B}_1\boldsymbol{w}(t)+\boldsymbol{B}_1\boldsymbol{u}(t)\\ \boldsymbol{z}(t)=\boldsymbol{C}_1\boldsymbol{x}(t)+\boldsymbol{D}_{11}\boldsymbol{w}(t)+\boldsymbol{D}_{12}\boldsymbol{u}(t)\\ \boldsymbol{y}(t)=\boldsymbol{C}_2\boldsymbol{x}(t)+\boldsymbol{D}_{21}\boldsymbol{w}(t)+\boldsymbol{D}_{22}\boldsymbol{u}(t)\end{cases} \tag{3-1}$$

式中,$\boldsymbol{x}$ 为 n 维状态变量,$\boldsymbol{u}$ 为 p 维控制向量,$\boldsymbol{w}$ 为 r 维干扰向量,$\boldsymbol{z}$ 为 m 维参考输出向量,$\boldsymbol{y}$ 为 q 维观测输出向量,这里 $\boldsymbol{z}$ 的引入是为了刻画 H_∞控制指标。

在式(3－1)中,干扰 $\boldsymbol{w}$ 显然会对状态 $\boldsymbol{x}$、输出 $\boldsymbol{z}$ 和 $\boldsymbol{y}$ 产生影响,要完全消除 $\boldsymbol{w}$ 对 $\boldsymbol{x}$,$\boldsymbol{z}$,$\boldsymbol{y}$ 的影响是不可能的。但是,通常希望设计反馈控制器 $\boldsymbol{u}=-\boldsymbol{K}(t)\boldsymbol{x}$,使得系统稳定,且 $\boldsymbol{w}$ 对 $\boldsymbol{z}$ 的影响在某种意义下限制在某一范围内。为此,引入记号 $\boldsymbol{T}_{zw}(s)=\dfrac{\boldsymbol{z}(s)}{\boldsymbol{w}(s)}$,定义

$$\|\boldsymbol{T}_{zw}\|_\infty=\sup_{w\neq 0}\frac{\|\boldsymbol{z}(s)\|_2}{\|\boldsymbol{w}(s)\|_2} \tag{3-2}$$

于是，将 w 对 z 的影响在某种意义下限制在某一范围内可以描述为，对于给定的 $\gamma>0$，设计反馈控制器 $\boldsymbol{u}=-\boldsymbol{K}(t)\boldsymbol{x}$，使得

$$\|\boldsymbol{T}_{zw}(s)\|_{\infty}<\gamma \tag{3-3}$$

由于式(3-3)等价于

$$\left\|\frac{1}{\gamma}\boldsymbol{T}_{zw}(s)\right\|_{\infty}<1 \tag{3-4}$$

上述控制器的设计问题可描述如下。

定义 3-1 （H_{∞}标准设计问题） 对于给定的控制对象(3-1)，判定是否存在反馈控制器 $\boldsymbol{u}=-\boldsymbol{K}(s)$使得系统稳定，且 $\|\boldsymbol{T}_{zw}(s)\|_{\infty}<1$。如果存在这样的控制器，则求之。

2. 标准设计问题

考虑图 3-1 所示的系统，其中 $\boldsymbol{u}$ 为控制输入信号，$\boldsymbol{y}$ 为观测量，$\boldsymbol{w}$ 为干扰输出信号（或为了设计而定义的辅助信号），$\boldsymbol{z}$ 为控制量（或者应设计需要而定义的评价信号）。由输入信号 $\boldsymbol{u}$，$\boldsymbol{w}$ 到输出信号 $\boldsymbol{z}$，$\boldsymbol{y}$ 的传递函数矩阵 $\boldsymbol{G}(s)$称为增广被控对象(Generalized Plant)，它包括实际被控对象和为了描述设计指标而设定的加权函数等。$\boldsymbol{K}(s)$为控制器。

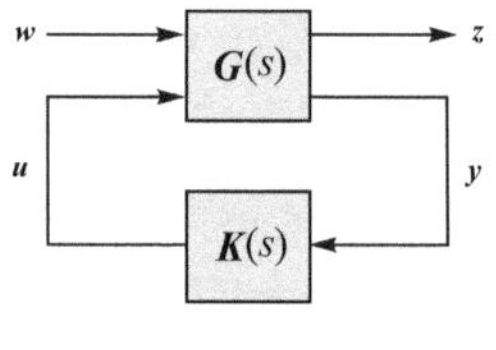

图 3-1 H_{∞}标准设计问题

设不确定系统(3-1)的传递函数矩阵为 $\boldsymbol{G}(s)$，则 $\boldsymbol{G}(s)$可表示为

$$\boldsymbol{G}(s)=\begin{bmatrix}\boldsymbol{G}_{11}(s) & \boldsymbol{G}_{12}(s)\\ \boldsymbol{G}_{21}(s) & \boldsymbol{G}_{22}(s)\end{bmatrix} \tag{3-5}$$

于是，从 $\boldsymbol{w}$ 到 $\boldsymbol{z}$ 的闭环传递函数为

$$\boldsymbol{T}_{zw}(s)=\boldsymbol{G}_{11}+\boldsymbol{G}_{12}\boldsymbol{K}(\boldsymbol{I}-\boldsymbol{G}_{22}\boldsymbol{K})^{-1}\boldsymbol{G}_{21} \tag{3-6}$$

定义 3-2 （H_{∞}最优设计问题） 对于给定的增广被控对象 $\boldsymbol{G}(s)$，求反馈控制器 $\boldsymbol{K}(s)$使得闭环系统稳定且 $\|\boldsymbol{T}_{zw}(s)\|_{\infty}$最小，即

$$\min_{\boldsymbol{K}}\|\boldsymbol{T}_{zw}(s)\|_{\infty}=\gamma_0 \tag{3-7}$$

与此对应，可以定义 H_{∞}次优设计问题如下。

定义 3-3 （H_{∞}次优设计问题） 对于给定的增广被控对象 $\boldsymbol{G}(s)$和 $\gamma(\geqslant\gamma_0)$，求反馈控制器 $\boldsymbol{K}(s)$使得闭环系统稳定且 $\|\boldsymbol{T}_{zw}(s)\|_{\infty}$满足

$$\|\boldsymbol{T}_{zw}(s)\|_{\infty}<\gamma \tag{3-8}$$

显然，如果对于给定的 $\boldsymbol{G}(s)$，H_{∞}最优设计问题有解，那么可以通过反复“递减 γ—试探求次优解”的过程，而求得最优控制器的逼近解，即 $\gamma\to\gamma_0$。

另外，式(3-8)等价于

$$\left\|\frac{1}{\gamma}\boldsymbol{T}_{zw}(s)\right\|_{\infty}<1 \tag{3-9}$$

而$\dfrac{1}{\gamma}\boldsymbol{T}_{zw}(s)$实际上等于增广被控对象

$$\boldsymbol{G}_{\gamma}(s)=\begin{bmatrix}\gamma^{-1}\boldsymbol{G}_{11}(s) & \boldsymbol{G}_{12}(s)\\ \gamma^{-1}\boldsymbol{G}_{21}(s) & \boldsymbol{G}_{22}(s)\end{bmatrix}$$

和控制器$\boldsymbol{K}(s)$所构成的图 3-1 所示系统的闭环传递函数。因此，实际应用中只考虑 $\gamma=1$ 的情况即可。

定义 3-4　(H_{∞}标准设计问题)　对于给定增广被控对象$\boldsymbol{G}(s)$，判定是否存在反馈控制器$\boldsymbol{K}(s)$，使得闭环系统稳定且$\|\boldsymbol{T}_{zw}(s)\|_{\infty}<1$，如果存在那样的控制器，则求之。

3.2.2　降维观测器

全维状态观测器的维数等于原给定系统的维数，观测器输出$\hat{\boldsymbol{x}}(t)$包含与$\boldsymbol{x}(t)$相同的状态变量个数。实际上，系统的输出$\boldsymbol{y}(t)$是能够测量的，很显然，倘若利用输出的 q 个分量直接产生 q 个状态变量，其余的 $n-q$ 个状态变量由观测器来估计出，这样，观测器的维数就必然可以降低。具有这种工作机制的观测器称为降维状态观测器，简称降维观测器。

3.3　基于降维观测器的 Lipschitz 非线性动态系统的故障估计

3.3.1　系统与问题描述

研究如下非线性动态系统：

$$\begin{cases}\dot{\boldsymbol{x}}(t)=\boldsymbol{A}\boldsymbol{x}(t)+\boldsymbol{g}(t,\boldsymbol{x}(t))+\boldsymbol{B}\boldsymbol{u}(t)+\boldsymbol{D}\boldsymbol{d}(t)+\boldsymbol{F}\boldsymbol{f}(t)\\ \boldsymbol{y}(t)=\boldsymbol{C}\boldsymbol{x}(t)\end{cases}\tag{3-10}$$

式中，$\boldsymbol{x}\in\mathbb{R}^{n}$，$\boldsymbol{y}\in\mathbb{R}^{p}$，$\boldsymbol{u}\in\mathbb{R}^{m}$ 分别为系统中的状态向量、测量输出向量与控制输入向量；$\boldsymbol{d}\in\mathbb{R}^{l}$，为系统的外部扰动；$\boldsymbol{f}\in\mathbb{R}^{q}$，为系统中的执行器故障(元器件故障)；$\boldsymbol{g}$为系统中的非线性向量，且满足 Lipschitz 条件，即满足不等式条件$\|\boldsymbol{g}(t,\boldsymbol{x}(t))-\boldsymbol{g}(t,\hat{\boldsymbol{x}}(t))\|\leqslant\|\boldsymbol{L}_{g}(\boldsymbol{x}(t)-\hat{\boldsymbol{x}}(t))\|$，其中 $\boldsymbol{L}_{g}\in\mathbb{R}^{n\times n}$ 为 Lipschitz 常值矩阵，且$\boldsymbol{g}(\boldsymbol{0},0)=\boldsymbol{0}$，$\|\cdot\|$为向量“$\cdot$”的 Euclidean 范数；$\boldsymbol{A}$，$\boldsymbol{B}$，$\boldsymbol{C}$，$\boldsymbol{D}$，$\boldsymbol{F}$ 是已知的适当维数常值矩阵，矩阵 $\boldsymbol{C}$ 为行满秩矩阵，矩阵 $\boldsymbol{D}$ 与 $\boldsymbol{F}$ 为列满秩矩阵，且满足 $\mathrm{rank}(\boldsymbol{CF})=\mathrm{rank}(\boldsymbol{F})=q$，$\mathrm{rank}(\boldsymbol{CD})=\mathrm{rank}(\boldsymbol{D})=l$，$\mathrm{rank}[\boldsymbol{CD}\ \ \boldsymbol{CF}]=\mathrm{rank}(\boldsymbol{CD})+\mathrm{rank}(\boldsymbol{CF})$。

首先对状态向量作变换 $\boldsymbol{x}(t)=\boldsymbol{T}\bar{\boldsymbol{x}}(t)$，其中 $\boldsymbol{T}=[\boldsymbol{N}\ \ \boldsymbol{D}\ \ \boldsymbol{F}]$。为叙述方便，将$\bar{\boldsymbol{x}}(t)$简记为 $\bar{\boldsymbol{x}}$，其余向量以此类推。通过坐标变换 $\boldsymbol{T}$，式(3-10)变为

$$\begin{cases}\dot{\bar{x}}=\bar{A}\bar{x}+\bar{g}(t,T\bar{x})+\bar{B}u+\bar{D}d+\bar{F}f\\ y=\bar{C}\bar{x}\end{cases}\tag{3-11}$$

式中，$\bar{x}=[\bar{x}_1^{\mathrm{T}}\quad \bar{x}_2^{\mathrm{T}}\quad \bar{x}_3^{\mathrm{T}}]^{\mathrm{T}}$，$\bar{x}_1\in\mathbb{R}^{n-l-q}$，$\bar{x}_2\in\mathbb{R}^{l}$，$\bar{x}_3\in\mathbb{R}^{q}$。坐标变换后的矩阵分别为

$$\bar{A}=T^{-1}AT=\begin{bmatrix}\bar{A}_{11} & \bar{A}_{12} & \bar{A}_{13}\\ \bar{A}_{21} & \bar{A}_{22} & \bar{A}_{23}\\ \bar{A}_{31} & \bar{A}_{32} & \bar{A}_{33}\end{bmatrix}$$

$$\bar{B}=T^{-1}B=\begin{bmatrix}\bar{B}_1\\ \bar{B}_2\\ \bar{B}_3\end{bmatrix}$$

$$\bar{C}=CT=[CN\quad CD\quad CF]$$

$$\bar{D}=T^{-1}D=\begin{bmatrix}\mathbf{0}\\ I_l\\ \mathbf{0}\end{bmatrix}$$

$$\bar{F}=T^{-1}F=\begin{bmatrix}\mathbf{0}\\ \mathbf{0}\\ I_q\end{bmatrix}$$

注 3-1　线性变换矩阵 T 中矩阵 N 的选取可以按以下方法来实现。首先，选取矩阵$[D\ \ F]$的一个最大线性无关向量组 $W\in\mathbb{R}^{(q+l)\times(q+l)}$，不妨假设矩阵$[D\ \ F]$的前 $q+l$ 行是最大线性无关向量组，从而矩阵$[D\ \ F]=[W^{\mathrm{T}}\ \ V^{\mathrm{T}}]^{\mathrm{T}}$，其中 $V\in R^{(n-q-l)\times(q+l)}$。其次，选择矩阵$[\mathbf{0}\ \ E^{\mathrm{T}}]^{\mathrm{T}}$ 作为矩阵 N，其中 $E\in\mathbb{R}^{(n-q-l)\times(n-q-l)}$，只要选择的矩阵 E 是可逆的即可，一种简单的选择是取 $E=I$，那么 $N=[\mathbf{0}\ \ I]^{\mathrm{T}}$，这样就完成了线性变换矩阵 T 的构造。若矩阵$[D\ \ F]$的最大线性无关向量组 W 不是由它的前 $q+l$ 行构成的，而是由其他 $q+l$ 行构成的，那么只要让矩阵 N 中与矩阵 W 在同一行的行均取零向量，然后 N 中剩余的行再按照前面矩阵 E 的取法来选取，这样就可以构造出矩阵 N，从而得到线性变换矩阵 T。后面的变换 U 同理可得。

记 T 的逆变换 $T^{-1}=[T_1^{\mathrm{T}}\ \ T_2^{\mathrm{T}}\ \ T_3^{\mathrm{T}}]^{\mathrm{T}}$，则非线性向量 g 经过变换变为

$$\bar{g}=T^{-1}g(t,T\bar{x})=\begin{bmatrix}T_1g(t,T\bar{x})\\ T_2g(t,T\bar{x})\\ T_3g(t,T\bar{x})\end{bmatrix}\tag{3-12}$$

从而，由式(3-11)可知

$$[\boldsymbol{I}_{n-l-q} \quad \boldsymbol{0} \quad \boldsymbol{0}]\dot{\bar{\boldsymbol{x}}} = [\bar{\boldsymbol{A}}_{11} \quad \bar{\boldsymbol{A}}_{12} \quad \bar{\boldsymbol{A}}_{13}]\bar{\boldsymbol{x}} + \boldsymbol{T}_1\boldsymbol{g}(t,\boldsymbol{T}\bar{\boldsymbol{x}}) + \bar{\boldsymbol{B}}_1 u \tag{3-13}$$

$$\boldsymbol{y} = [\boldsymbol{CN} \quad \boldsymbol{CD} \quad \boldsymbol{CF}]\bar{\boldsymbol{x}} \tag{3-14}$$

$$[\boldsymbol{0} \quad \boldsymbol{I}_l \quad \boldsymbol{0}]\dot{\bar{\boldsymbol{x}}} = [\bar{\boldsymbol{A}}_{21} \quad \bar{\boldsymbol{A}}_{22} \quad \bar{\boldsymbol{A}}_{23}]\bar{\boldsymbol{x}} + \boldsymbol{T}_2\boldsymbol{g}(t,\boldsymbol{T}\bar{\boldsymbol{x}}) + \bar{\boldsymbol{B}}_2 \boldsymbol{u} + \boldsymbol{I}_l\boldsymbol{d} \tag{3-15}$$

$$[\boldsymbol{0} \quad \boldsymbol{0} \quad \boldsymbol{I}_q]\dot{\bar{\boldsymbol{x}}} = [\bar{\boldsymbol{A}}_{31} \quad \bar{\boldsymbol{A}}_{32} \quad \bar{\boldsymbol{A}}_{33}]\bar{\boldsymbol{x}} + \boldsymbol{T}_3\boldsymbol{g}(t,\boldsymbol{T}\bar{\boldsymbol{x}}) + \bar{\boldsymbol{B}}_3 u + \boldsymbol{I}_q\boldsymbol{f} \tag{3-16}$$

为了得到输出 $\boldsymbol{y}$ 与状态 $\bar{\boldsymbol{x}}_1$ 的关系，以方便后续降维观测器的设计，再取非奇异变换 $\boldsymbol{U}=[\boldsymbol{CD} \quad \boldsymbol{CF} \quad \boldsymbol{Q}]$，并记 $\boldsymbol{U}^{-1}=[\boldsymbol{U}_1^{\mathrm{T}} \quad \boldsymbol{U}_2^{\mathrm{T}} \quad \boldsymbol{U}_3^{\mathrm{T}}]^{\mathrm{T}}$。通过计算可知

$$\boldsymbol{U}^{-1}\boldsymbol{U} = \begin{bmatrix} \boldsymbol{U}_1 \\ \boldsymbol{U}_2 \\ \boldsymbol{U}_3 \end{bmatrix} [\boldsymbol{CD} \quad \boldsymbol{CF} \quad \boldsymbol{Q}] = \begin{bmatrix} \boldsymbol{U}_1\boldsymbol{CD} & \boldsymbol{U}_1 CF & \boldsymbol{U}_1 Q \\ \boldsymbol{U}_2\boldsymbol{CD} & \boldsymbol{U}_2 CF & \boldsymbol{U}_2 Q \\ \boldsymbol{U}_3\boldsymbol{CD} & \boldsymbol{U}_3 CF & \boldsymbol{U}_3 Q \end{bmatrix} = \begin{bmatrix} \boldsymbol{I}_l & \boldsymbol{0} & \boldsymbol{0} \\ \boldsymbol{0} & \boldsymbol{I}_q & \boldsymbol{0} \\ \boldsymbol{0} & \boldsymbol{0} & \boldsymbol{I}_{p-l-q} \end{bmatrix}$$

用 $\boldsymbol{U}^{-1}$ 左乘式(3-14)的两边，可得

$$\boldsymbol{U}_1\boldsymbol{y} = \boldsymbol{U}_1\boldsymbol{CN}\bar{\boldsymbol{x}}_1 + \bar{\boldsymbol{x}}_2 \tag{3-17}$$

$$\boldsymbol{U}_2\boldsymbol{y} = \boldsymbol{U}_2\boldsymbol{CN}\bar{\boldsymbol{x}}_1 + \bar{\boldsymbol{x}}_3 \tag{3-18}$$

$$\boldsymbol{U}_3\boldsymbol{y} = \boldsymbol{U}_3\boldsymbol{CN}\bar{\boldsymbol{x}}_1 \tag{3-19}$$

令 $\bar{\boldsymbol{y}}=\boldsymbol{U}_3 y$，由式(3-13)与式(3-17)～式(3-19)可知

$$\begin{cases} \dot{\bar{\boldsymbol{x}}}_1 = \tilde{\boldsymbol{A}}_1\bar{\boldsymbol{x}}_1 + \boldsymbol{T}_1\boldsymbol{g}(t,\boldsymbol{T}\bar{\boldsymbol{x}}) + \bar{\boldsymbol{B}}_1 u + \boldsymbol{E}_1\boldsymbol{y} \\ \bar{\boldsymbol{y}} = \tilde{\boldsymbol{C}}_1\bar{\boldsymbol{x}}_1 \end{cases} \tag{3-20}$$

式中，$\tilde{\boldsymbol{A}}_1=\bar{\boldsymbol{A}}_{11}-\bar{\boldsymbol{A}}_{12}\boldsymbol{U}_1\boldsymbol{CN}-\bar{\boldsymbol{A}}_{13}\boldsymbol{U}_2\boldsymbol{CN}$，$E_1=\bar{\boldsymbol{A}}_{12}\boldsymbol{U}_1+\bar{\boldsymbol{A}}_{13}\boldsymbol{U}_2$，$\tilde{\boldsymbol{C}}_1=\boldsymbol{U}_3\boldsymbol{CN}$。

由式(3-16)得到故障 $\boldsymbol{f}$ 的表达式为

$$\boldsymbol{f} = \dot{\bar{\boldsymbol{x}}}_3 - [\bar{\boldsymbol{A}}_{31} \quad \bar{\boldsymbol{A}}_{32} \quad \bar{\boldsymbol{A}}_{33}]\bar{\boldsymbol{x}} - \boldsymbol{T}_3\boldsymbol{g}(t,\boldsymbol{T}\bar{\boldsymbol{x}}) - \bar{\boldsymbol{B}}_3\boldsymbol{u} \tag{3-21}$$

后面将利用式(3-21)来估计故障 $\boldsymbol{f}$，从中可以看出，需要控制输入 $\boldsymbol{u}$ 与状态 $\bar{\boldsymbol{x}}$ 的估计值来获得故障 $\boldsymbol{f}$ 的估计，因此需要先针对式(3-10)设计控制器。

注 3-2　由故障 $\boldsymbol{f}$ 的表达式(3-21)可以看出，利用本章设计的降维观测器得到状态 $\bar{\boldsymbol{x}}$ 的估计值，并设计控制器来提供控制信号 $\boldsymbol{u}$，就可以得到 Lipschitz 非线性动态系统(3-10)的故障 $\boldsymbol{f}$ 的估计。同时，由式(3-21)还可以看出，本章提出的故障估计方法，不需要对故障与干扰作任何先验假设。因此，本章将要设计的降维观测器就可以解决目前故障估计研究中[19-37,41-42]对故障或故障导数以及干扰作各种先验假设的问题。

注 3-3　文献[39]采用状态反馈来为故障估计提供控制信号，但是系统的状态不一定可以通过测量得到，此时采用状态反馈就无法提供控制信号，而且考虑的仅是线性系统的故障估计问题。针对这些不足，3.3.2 节将采用输出反馈为故障估计提供控制信号。

3.3.2 H_∞输出反馈控制器设计

下面将设计系统(3-10)的 H_∞ 输出反馈控制器。

定理 3-1 考虑 Lipschitz 非线性动态系统(3-10),若存在正定矩阵 $\boldsymbol{S}$ 与矩阵 $\boldsymbol{M}$ 以及正数 γ 使得如下 LMI

$$\boldsymbol{\Theta}=\begin{bmatrix}\boldsymbol{\Theta}_{11} & \boldsymbol{I}_n & \boldsymbol{D} & \boldsymbol{S}\boldsymbol{L}_g^{\mathrm{T}} & \boldsymbol{S}\boldsymbol{C}^{\mathrm{T}}\\ * & -\boldsymbol{I}_n & \boldsymbol{0} & \boldsymbol{0} & \boldsymbol{0}\\ * & * & -\gamma\boldsymbol{I}_l & \boldsymbol{0} & \boldsymbol{0}\\ * & * & * & -\boldsymbol{I}_n & \boldsymbol{0}\\ * & * & * & * & -\gamma\boldsymbol{I}_p\end{bmatrix}<\boldsymbol{0} \tag{3-22}$$

成立,那么存在控制律 $\boldsymbol{u}=\boldsymbol{K}\boldsymbol{y}$, $\boldsymbol{K}=\boldsymbol{M}\boldsymbol{S}^{-1}\boldsymbol{C}^{-}$ ($\boldsymbol{C}^{-}$ 是 $\boldsymbol{C}$ 的右伪逆矩阵),使得系统(3-10)具有 H_∞ 性能 γ,即

① 当干扰 $\boldsymbol{d}=\boldsymbol{0}$ 时,系统(3-10)是渐近稳定的;

② 当干扰 $\boldsymbol{d}\neq\boldsymbol{0}$ 时,则有 $\|\boldsymbol{y}\|_2^2\leqslant\gamma^2\|\boldsymbol{d}\|_2^2$。

式中,$\boldsymbol{\Theta}_{11}=\boldsymbol{S}\boldsymbol{A}^{\mathrm{T}}+\boldsymbol{A}\boldsymbol{S}+\boldsymbol{M}^{\mathrm{T}}\boldsymbol{B}^{\mathrm{T}}+\boldsymbol{B}\boldsymbol{M}$,$*$ 表示对称矩阵的对称部分(后文均这样简记)。

证明 针对系统(3-10),设计输出反馈控制律 $\boldsymbol{u}=\boldsymbol{K}\boldsymbol{y}$,代入式(3-10)可得

$$\dot{\boldsymbol{x}}=\boldsymbol{A}\boldsymbol{x}+\boldsymbol{g}(t,\boldsymbol{x})+\boldsymbol{B}\boldsymbol{K}\boldsymbol{C}\boldsymbol{x}+\boldsymbol{D}\boldsymbol{d}$$

定义 Lyapunov 泛函 $V_1=\boldsymbol{x}^{\mathrm{T}}\boldsymbol{P}_1\gamma\boldsymbol{x}$,$\boldsymbol{P}_1$ 为正定矩阵。再定义

$$J=\frac{\dot{V}_1+\boldsymbol{y}^{\mathrm{T}}\boldsymbol{y}-\gamma^2\boldsymbol{d}^{\mathrm{T}}\boldsymbol{d}}{\gamma} \tag{3-23}$$

① 当 $\boldsymbol{d}=\boldsymbol{0}$ 时,若 $J<0$,由式(3-23)可知 $\dot{V}_1+\boldsymbol{y}^{\mathrm{T}}\boldsymbol{y}<0$,那么 $\dot{V}_1<0$,从而系统(3-10)是渐近稳定的。

② 当干扰 $\boldsymbol{d}\neq\boldsymbol{0}$ 时,在零初始条件下,有 $V_1(0)=0$。若 $J<0$,则有

$$\int_0^{T_f}J\,\mathrm{d}t=\frac{V_1(T_f)-V_1(0)}{\gamma}+\frac{1}{\gamma}\int_0^{T_f}\boldsymbol{y}^{\mathrm{T}}\boldsymbol{y}\,\mathrm{d}t-\gamma\int_0^{T_f}\boldsymbol{d}^{\mathrm{T}}\boldsymbol{d}\,\mathrm{d}t<0$$

即

$$\int_0^{T_f}J\,\mathrm{d}t=\frac{V_1(T_f)}{\gamma}+\frac{1}{\gamma}\int_0^{T_f}\boldsymbol{y}^{\mathrm{T}}\boldsymbol{y}\,\mathrm{d}t-\gamma\int_0^{T_f}\boldsymbol{d}^{\mathrm{T}}\boldsymbol{d}\,\mathrm{d}t<0 \tag{3-24}$$

由于 $V_1(T_f)>0$,再由式(3-24)知,对所有的 $T_f>0$,均有 $\frac{1}{\gamma}\int_0^{T_f}\boldsymbol{y}^{\mathrm{T}}\boldsymbol{y}\,\mathrm{d}t-\gamma\int_0^{T_f}\boldsymbol{d}^{\mathrm{T}}\boldsymbol{d}\,\mathrm{d}t<0$,从而 $\|\boldsymbol{y}\|_2^2\leqslant\gamma^2\|\boldsymbol{d}\|_2^2$。

综上可知,若 $J<0$,则定理 3-1 得证,下面给出 $J<0$ 的条件。通过计算可知

$$J=\frac{1}{\gamma}[\boldsymbol{x}^{\mathrm{T}}\boldsymbol{P}_1\gamma(\boldsymbol{A}\boldsymbol{x}+\boldsymbol{g}(t,\boldsymbol{x})+\boldsymbol{B}\boldsymbol{K}\boldsymbol{C}\boldsymbol{x}+\boldsymbol{D}\boldsymbol{d})+\boldsymbol{y}^{\mathrm{T}}\boldsymbol{y}-\gamma^2\boldsymbol{d}^{\mathrm{T}}\boldsymbol{d}+$$

$$(\boldsymbol{Ax}+\boldsymbol{g}(t,\boldsymbol{x})+\boldsymbol{BKCx}+\boldsymbol{Dd})^{\mathrm{T}}\boldsymbol{P}_1\gamma\boldsymbol{x}]$$
$$=\boldsymbol{x}^{\mathrm{T}}\boldsymbol{P}_1(\boldsymbol{A}+\boldsymbol{BKC})\boldsymbol{x}+\boldsymbol{x}^{\mathrm{T}}(\boldsymbol{A}^{\mathrm{T}}+\boldsymbol{C}^{\mathrm{T}}\boldsymbol{K}^{\mathrm{T}}\boldsymbol{B}^{\mathrm{T}})\boldsymbol{P}_1\boldsymbol{x}+\boldsymbol{x}^{\mathrm{T}}\boldsymbol{P}_1\boldsymbol{g}(t,\boldsymbol{x})+$$
$$\boldsymbol{g}(t,\boldsymbol{x})^{\mathrm{T}}\boldsymbol{P}_1\boldsymbol{x}+\boldsymbol{x}^{\mathrm{T}}\boldsymbol{P}_1\boldsymbol{Dd}+\boldsymbol{d}^{\mathrm{T}}\boldsymbol{D}^{\mathrm{T}}\boldsymbol{P}_1\boldsymbol{x}+\frac{1}{\gamma}\boldsymbol{x}^{\mathrm{T}}\boldsymbol{C}^{\mathrm{T}}\boldsymbol{Cx}-\gamma\boldsymbol{d}^{\mathrm{T}}\boldsymbol{d}$$

由 $\boldsymbol{g}(\boldsymbol{0},0)=\boldsymbol{0}$，并根据 Lipschitz 条件知，$\boldsymbol{g}(t,\boldsymbol{x})^{\mathrm{T}}\boldsymbol{I}_n\boldsymbol{g}(t,\boldsymbol{x})\leqslant\boldsymbol{x}^{\mathrm{T}}\boldsymbol{L}_g^{\mathrm{T}}\boldsymbol{L}_g\boldsymbol{x}$，那么

$$J\leqslant\boldsymbol{x}^{\mathrm{T}}\boldsymbol{P}_1(\boldsymbol{A}+\boldsymbol{BKC})\boldsymbol{x}+\boldsymbol{x}^{\mathrm{T}}(\boldsymbol{A}^{\mathrm{T}}+\boldsymbol{C}^{\mathrm{T}}\boldsymbol{K}^{\mathrm{T}}\boldsymbol{B}^{\mathrm{T}})\boldsymbol{P}_1 x+\boldsymbol{x}^{\mathrm{T}}\boldsymbol{P}_1\boldsymbol{g}(t,\boldsymbol{x})+\boldsymbol{g}(t,\boldsymbol{x})^{\mathrm{T}}\boldsymbol{P}_1\boldsymbol{x}+$$
$$\boldsymbol{x}^{\mathrm{T}}\boldsymbol{P}_1\boldsymbol{Dd}+\boldsymbol{d}^{\mathrm{T}}\boldsymbol{D}^{\mathrm{T}}\boldsymbol{P}_1\boldsymbol{x}+\frac{1}{\gamma}\boldsymbol{x}^{\mathrm{T}}\boldsymbol{C}^{\mathrm{T}}\boldsymbol{Cx}-\gamma\boldsymbol{d}^{\mathrm{T}}\boldsymbol{d}-\boldsymbol{g}(t,\boldsymbol{x})^{\mathrm{T}}\boldsymbol{I}_n\boldsymbol{g}(t,\boldsymbol{x})+\boldsymbol{x}^{\mathrm{T}}\boldsymbol{L}_g^{\mathrm{T}}\boldsymbol{L}_g\boldsymbol{x}$$

记 $\boldsymbol{Z}=\begin{bmatrix}\boldsymbol{x}\\ \boldsymbol{g}(t,\boldsymbol{x})\\ \boldsymbol{d}\end{bmatrix}$，可知 $J\leqslant\boldsymbol{Z}^{\mathrm{T}}\boldsymbol{\Pi Z}$，式中，

$$\boldsymbol{\Pi}=\begin{bmatrix}\boldsymbol{\Pi}_{11} & \boldsymbol{P}_1 & \boldsymbol{P}_1\boldsymbol{D}\\ * & -\boldsymbol{I}_n & \boldsymbol{0}\\ * & * & -\gamma\boldsymbol{I}_l\end{bmatrix}$$

式中，$\boldsymbol{\Pi}_{11}=\boldsymbol{P}_1(\boldsymbol{A}+\boldsymbol{BKC})+(\boldsymbol{A}^{\mathrm{T}}+\boldsymbol{C}^{\mathrm{T}}\boldsymbol{K}^{\mathrm{T}}\boldsymbol{B}^{\mathrm{T}})\boldsymbol{P}_1+\boldsymbol{L}_g^{\mathrm{T}}\boldsymbol{L}_g+\dfrac{1}{\gamma}\boldsymbol{C}^{\mathrm{T}}\boldsymbol{C}$。若 $\boldsymbol{\Pi}<\boldsymbol{0}$，那么 $J<0$。由 Schur 补定理可得，$\boldsymbol{\Pi}<\boldsymbol{0}$ 等价于 $\boldsymbol{\Delta}<\boldsymbol{0}$，其中，

$$\boldsymbol{\Delta}=\begin{bmatrix}\boldsymbol{\Delta}_{11} & \boldsymbol{P}_1 & \boldsymbol{P}_1\boldsymbol{D} & \boldsymbol{L}_g^{\mathrm{T}} & \boldsymbol{C}^{\mathrm{T}}\\ * & -\boldsymbol{I}_n & \boldsymbol{0} & \boldsymbol{0} & \boldsymbol{0}\\ * & * & -\gamma\boldsymbol{I}_l & \boldsymbol{0} & \boldsymbol{0}\\ * & * & * & -\boldsymbol{I}_n & \boldsymbol{0}\\ * & * & * & * & -\gamma\boldsymbol{I}_p\end{bmatrix}\tag{3-25}$$

式中

$$\boldsymbol{\Delta}_{11}=\boldsymbol{P}_1(\boldsymbol{A}+\boldsymbol{BKC})+(\boldsymbol{A}^{\mathrm{T}}+\boldsymbol{C}^{\mathrm{T}}\boldsymbol{K}^{\mathrm{T}}\boldsymbol{B}^{\mathrm{T}})\boldsymbol{P}_1$$

为了将式(3-25)最终化为 LMI 来求解，分别将 $\boldsymbol{\Delta}$ 左乘与右乘对角矩阵 $\mathrm{diag}(\boldsymbol{P}_1^{-1},\boldsymbol{I}_n,\boldsymbol{I}_l,\boldsymbol{I}_n,\boldsymbol{I}_p)$，并令 $\boldsymbol{S}=\boldsymbol{P}_1^{-1}$，$\boldsymbol{M}=\boldsymbol{KCS}$，从而将 $\boldsymbol{\Delta}<\boldsymbol{0}$ 化为 $\boldsymbol{\Theta}<\boldsymbol{0}$，其中，

$$\boldsymbol{\Theta}=\begin{bmatrix}\boldsymbol{\Theta}_{11} & \boldsymbol{I}_n & \boldsymbol{D} & \boldsymbol{SL}_g^{\mathrm{T}} & \boldsymbol{SC}^{\mathrm{T}}\\ * & -\boldsymbol{I}_n & \boldsymbol{0} & \boldsymbol{0} & \boldsymbol{0}\\ * & * & -\gamma\boldsymbol{I}_l & \boldsymbol{0} & \boldsymbol{0}\\ * & * & * & -\boldsymbol{I}_n & \boldsymbol{0}\\ * & * & * & * & -\gamma\boldsymbol{I}_p\end{bmatrix}$$

通过定理 3-1 中的条件(3-22)可知 $\boldsymbol{\Theta}<\boldsymbol{0}$ 成立，由 $\boldsymbol{M}=\boldsymbol{KCS}$ 得到控制增益矩阵 $\boldsymbol{K}=\boldsymbol{MS}^{-1}\boldsymbol{C}^{-}$，从而完成非线性动态系统(3-10)的 H_∞ 输出反馈控制器的设计。至此定理 3-1 得证。

注 3-4　由于 $\boldsymbol{C}$ 是系统(3-10)的输出矩阵，从而可以不失一般性地假设 $\boldsymbol{C}$ 是

行满秩矩阵，$\boldsymbol{C}$ 的右伪逆矩阵 $\boldsymbol{C}^{-}$ 存在，且 $\boldsymbol{C}^{-}=\boldsymbol{C}^{\mathrm{T}}(\boldsymbol{C}\boldsymbol{C}^{\mathrm{T}})^{-1}$。

注 3-5 前面的 H_{∞} 输出反馈控制器设计并没有考虑故障 $\boldsymbol{f}$ 对控制器设计的影响。实际上，总是预先设计好控制器，从而完成对系统的镇定，而系统中的故障是在此之后发生的。而且，本章设计的控制器最重要的目的是为下一步的故障估计提供控制信号。

3.3.3 降维观测器设计

1. 观测器的构建

针对系统(3-20)，设计如下观测器：

$$\begin{cases}\dot{\hat{\boldsymbol{x}}}_1=(\tilde{\boldsymbol{A}}_1-\boldsymbol{L}\tilde{\boldsymbol{C}}_1)\hat{\boldsymbol{x}}_1+\boldsymbol{T}_1\boldsymbol{g}(t,\boldsymbol{T}\hat{\boldsymbol{x}})+\bar{\boldsymbol{B}}_1\boldsymbol{u}+\boldsymbol{L}\bar{\boldsymbol{y}}+\boldsymbol{E}_1\boldsymbol{y}\\ \hat{\boldsymbol{y}}=\tilde{\boldsymbol{C}}_1\hat{\boldsymbol{x}}_1\end{cases} \tag{3-26}$$

式中，$\boldsymbol{L}$ 为将要设计的降维观测器增益矩阵。

由式(3-17)和式(3-18)知

$$\hat{\boldsymbol{x}}=\begin{bmatrix}\hat{\boldsymbol{x}}_1\\ \hat{\boldsymbol{x}}_2\\ \hat{\boldsymbol{x}}_3\end{bmatrix}=\begin{bmatrix}\hat{\boldsymbol{x}}_1\\ \boldsymbol{U}_1\boldsymbol{y}-\boldsymbol{U}_1\boldsymbol{C}\boldsymbol{N}\hat{\boldsymbol{x}}_1\\ \boldsymbol{U}_2\boldsymbol{y}-\boldsymbol{U}_2\boldsymbol{C}\boldsymbol{N}\hat{\boldsymbol{x}}_1\end{bmatrix} \tag{3-27}$$

令 $\boldsymbol{e}_1=\bar{\boldsymbol{x}}_1-\hat{\boldsymbol{x}}_1$，$\boldsymbol{e}=\bar{\boldsymbol{x}}-\hat{\boldsymbol{x}}$，从而

$$\boldsymbol{e}=\begin{bmatrix}\bar{\boldsymbol{x}}_1-\hat{\boldsymbol{x}}_1\\ -\boldsymbol{U}_1\boldsymbol{C}\boldsymbol{N}(\bar{\boldsymbol{x}}_1-\hat{\boldsymbol{x}}_1)\\ -\boldsymbol{U}_2\boldsymbol{C}\boldsymbol{N}(\bar{\boldsymbol{x}}_1-\hat{\boldsymbol{x}}_1)\end{bmatrix}=\begin{bmatrix}\boldsymbol{I}_{n-l-q}\\ -\boldsymbol{U}_1\boldsymbol{C}\boldsymbol{N}\\ -\boldsymbol{U}_2\boldsymbol{C}\boldsymbol{N}\end{bmatrix}\boldsymbol{e}_1 \tag{3-28}$$

记 $\boldsymbol{T}_{e_1}=\begin{bmatrix}\boldsymbol{I}_{n-l-q}\\ -\boldsymbol{U}_1\boldsymbol{C}\boldsymbol{N}\\ -\boldsymbol{U}_2\boldsymbol{C}\boldsymbol{N}\end{bmatrix}$，那么 $\boldsymbol{e}=\boldsymbol{T}_{e_1}\boldsymbol{e}_1$。

由系统(3-20)与(3-26)及 $\boldsymbol{e}_1$ 的定义，可得到观测误差动态系统为

$$\dot{\boldsymbol{e}}_1=(\tilde{\boldsymbol{A}}_1-\boldsymbol{L}\tilde{\boldsymbol{C}}_1)\boldsymbol{e}_1+\boldsymbol{T}_1[\boldsymbol{g}(t,\boldsymbol{T}\bar{\boldsymbol{x}})-\boldsymbol{g}(t,\boldsymbol{T}\hat{\boldsymbol{x}})] \tag{3-29}$$

2. 稳定性证明

定理 3-2 考虑 Lipschitz 非线性动态系统(3-10)，若存在正定矩阵 $\boldsymbol{P}_2$ 与矩阵 $\boldsymbol{Y}$ 使得以下 LMI

$$\begin{bmatrix}\boldsymbol{\Omega}_{11} & \boldsymbol{P}_2\boldsymbol{T}_1\\ * & -\boldsymbol{I}_n\end{bmatrix}<\boldsymbol{0} \tag{3-30}$$

成立，则可以设计降维观测器(3-26)，其中，$\boldsymbol{L}=\boldsymbol{P}_2^{-1}Y$，使得观测误差动态系统

(3-29)是渐近稳定的。式(3-30)中，$\boldsymbol{\Omega}_{11}=\tilde{\boldsymbol{A}}_1^{\mathrm{T}}\boldsymbol{P}_2+\boldsymbol{P}_2\tilde{\boldsymbol{A}}_1-\tilde{\boldsymbol{C}}_1^{\mathrm{T}}\boldsymbol{Y}^{\mathrm{T}}-\boldsymbol{Y}\tilde{\boldsymbol{C}}_1+(\boldsymbol{L}_g\boldsymbol{T}\boldsymbol{T}_{e_1})^{\mathrm{T}}(\boldsymbol{L}_g\boldsymbol{T}\boldsymbol{T}_{e_1})$。

证明　取 Lyapunov 泛函 $V_2=\boldsymbol{e}_1^{\mathrm{T}}\boldsymbol{P}_2\boldsymbol{e}_1$，$\boldsymbol{P}_2$ 为正定矩阵。对 V_2 沿着系统(3-29)求导可得

$$\dot{V}_2=\boldsymbol{e}_1^{\mathrm{T}}[(\tilde{\boldsymbol{A}}_1-\boldsymbol{L}\tilde{\boldsymbol{C}})^{\mathrm{T}}\boldsymbol{P}_2+\boldsymbol{P}_2(\tilde{\boldsymbol{A}}_1-\boldsymbol{L}\tilde{\boldsymbol{C}}_1)]\boldsymbol{e}_1+\boldsymbol{e}_1^{\mathrm{T}}\boldsymbol{P}_2\boldsymbol{T}_1[\boldsymbol{g}(t,\boldsymbol{T}\bar{\boldsymbol{x}})-\boldsymbol{g}(t,\boldsymbol{T}\hat{\bar{\boldsymbol{x}}})]+[\boldsymbol{g}(t,\boldsymbol{T}\bar{\boldsymbol{x}})-\boldsymbol{g}(t,\boldsymbol{T}\hat{\bar{\boldsymbol{x}}})]^{\mathrm{T}}\boldsymbol{T}_1^{\mathrm{T}}\boldsymbol{P}_2\boldsymbol{e}_1 \tag{3-31}$$

此外，有

$$\begin{aligned}&[\boldsymbol{g}(t,\boldsymbol{T}\bar{\boldsymbol{x}})-\boldsymbol{g}(t,\boldsymbol{T}\hat{\bar{\boldsymbol{x}}})]^{\mathrm{T}}\boldsymbol{I}_n[\boldsymbol{g}(t,\boldsymbol{T}\bar{\boldsymbol{x}})-\boldsymbol{g}(t,\boldsymbol{T}\hat{\bar{\boldsymbol{x}}})]\\&\leqslant[\boldsymbol{L}_g(\boldsymbol{T}\bar{\boldsymbol{x}}-\boldsymbol{T}\hat{\bar{\boldsymbol{x}}})]^{\mathrm{T}}[\boldsymbol{L}_g(\boldsymbol{T}\bar{\boldsymbol{x}}-\boldsymbol{T}\hat{\bar{\boldsymbol{x}}})]\\&\leqslant[\boldsymbol{L}_g\boldsymbol{T}(\bar{\boldsymbol{x}}-\hat{\bar{\boldsymbol{x}}})]^{\mathrm{T}}[\boldsymbol{L}_g\boldsymbol{T}(\bar{\boldsymbol{x}}-\hat{\bar{\boldsymbol{x}}})]\\&\leqslant[\boldsymbol{L}_g\boldsymbol{T}\boldsymbol{T}_{e_1}\boldsymbol{e}_1]^{\mathrm{T}}[\boldsymbol{L}_g\boldsymbol{T}\boldsymbol{T}_{e_1}\boldsymbol{e}_1]\\&\leqslant\boldsymbol{e}_1^{\mathrm{T}}(\boldsymbol{L}_g\boldsymbol{T}\boldsymbol{T}_{e_1})^{\mathrm{T}}(\boldsymbol{L}_g\boldsymbol{T}\boldsymbol{T}_{e_1})\boldsymbol{e}_1\end{aligned} \tag{3-32}$$

由式(3-31)与式(3-32)得到

$$\begin{aligned}\dot{V}_2=&\boldsymbol{e}_1^{\mathrm{T}}[(\tilde{\boldsymbol{A}}_1-\boldsymbol{L}\tilde{\boldsymbol{C}}_1)^{\mathrm{T}}\boldsymbol{P}_2+\boldsymbol{P}_2(\tilde{\boldsymbol{A}}_1-\boldsymbol{L}\tilde{\boldsymbol{C}}_1)]\boldsymbol{e}_1+\boldsymbol{e}_1^{\mathrm{T}}\boldsymbol{P}_2\boldsymbol{T}_1[\boldsymbol{g}(t,\boldsymbol{T}\bar{\boldsymbol{x}})-\boldsymbol{g}(t,\boldsymbol{T}\hat{\bar{\boldsymbol{x}}})]+\\&[\boldsymbol{g}(t,\boldsymbol{T}\bar{\boldsymbol{x}})-\boldsymbol{g}(t,\boldsymbol{T}\hat{\bar{\boldsymbol{x}}})]^{\mathrm{T}}\boldsymbol{T}_1^{\mathrm{T}}\boldsymbol{P}_2\boldsymbol{e}_1\\\leqslant&\boldsymbol{e}_1^{\mathrm{T}}[(\tilde{\boldsymbol{A}}_1-\boldsymbol{L}\tilde{\boldsymbol{C}}_1)^{\mathrm{T}}\boldsymbol{P}_2+\boldsymbol{P}_2(\tilde{\boldsymbol{A}}_1-\boldsymbol{L}\tilde{\boldsymbol{C}}_1)]\boldsymbol{e}_1+\boldsymbol{e}_1^{\mathrm{T}}\boldsymbol{P}_2\boldsymbol{T}_1[\boldsymbol{g}(t,\boldsymbol{T}\bar{\boldsymbol{x}})-\boldsymbol{g}(t,\boldsymbol{T}\hat{\bar{\boldsymbol{x}}})]+\\&[\boldsymbol{g}(t,\boldsymbol{T}\bar{\boldsymbol{x}})-\boldsymbol{g}(t,\boldsymbol{T}\hat{\bar{\boldsymbol{x}}})]^{\mathrm{T}}\boldsymbol{T}_1^{\mathrm{T}}\boldsymbol{P}_2\boldsymbol{e}_1+\boldsymbol{e}_1^{\mathrm{T}}(\boldsymbol{L}_g\boldsymbol{T}\boldsymbol{T}_{e_1})^{\mathrm{T}}(\boldsymbol{L}_g\boldsymbol{T}\boldsymbol{T}_{e_1})\boldsymbol{e}_1-\\&[\boldsymbol{g}(t,\boldsymbol{T}\bar{\boldsymbol{x}})-\boldsymbol{g}(t,\boldsymbol{T}\hat{\bar{\boldsymbol{x}}})]^{\mathrm{T}}\boldsymbol{I}_n[\boldsymbol{g}(t,\boldsymbol{T}\bar{\boldsymbol{x}})-\boldsymbol{g}(t,\boldsymbol{T}\hat{\bar{\boldsymbol{x}}})]\end{aligned} \tag{3-33}$$

令 $\boldsymbol{X}=\begin{bmatrix}\boldsymbol{e}_1\\ [\boldsymbol{g}(t,\boldsymbol{T}\bar{\boldsymbol{x}})-\boldsymbol{g}(t,\boldsymbol{T}\hat{\bar{\boldsymbol{x}}})]\end{bmatrix}$，则由式(3-33)可知，$\dot{V}_2\leqslant\boldsymbol{X}^{\mathrm{T}}\boldsymbol{\Omega}\boldsymbol{X}$。其中，

$$\boldsymbol{\Omega}=\begin{bmatrix}\bar{\boldsymbol{\Omega}}_{11} & \boldsymbol{P}_2\boldsymbol{T}_1\\ * & -\boldsymbol{I}_n\end{bmatrix}$$

式中，

$$\bar{\boldsymbol{\Omega}}_{11}=(\tilde{\boldsymbol{A}}_1-\boldsymbol{L}\tilde{\boldsymbol{C}}_1)^{\mathrm{T}}\boldsymbol{P}_2+\boldsymbol{P}_2(\tilde{\boldsymbol{A}}_1-\boldsymbol{L}\tilde{\boldsymbol{C}}_1)+(\boldsymbol{L}_g\boldsymbol{T}\boldsymbol{T}_{e_1})^{\mathrm{T}}(\boldsymbol{L}_g\boldsymbol{T}\boldsymbol{T}_{e_1})$$

若 $\boldsymbol{\Omega}<\boldsymbol{0}$，则 $\dot{V}_2<0$，那么观测误差动态系统(3-29)将是渐近稳定的。下面给出 $\boldsymbol{\Omega}<\boldsymbol{0}$ 的条件。

令 $\boldsymbol{Y}=\boldsymbol{P}_2\boldsymbol{L}$，则 $\boldsymbol{\Omega}<0$ 等价于定理 3-2 的式(3-30)所示的 LMI，从而观测误差动态系统(3-29)是渐近稳定的，且观测器增益矩阵 $\boldsymbol{L}=\boldsymbol{P}_2^{-1}\boldsymbol{Y}$。至此定理 3-2 得证。

注 3-6 由定理 3-2 可知，求解 LMI(3-30)就可以得到观测器增益矩阵 $\boldsymbol{L}$，从而可以很方便地完成降维观测器(3-26)的设计。

3.3.4 故障估计

本节将利用前面设计的 H_∞ 输出反馈控制器与降维观测器来估计系统(3-10)中的故障，结论如下。

定理 3-3 考虑 Lipschitz 非线性动态系统(3-10)，若存在正定矩阵 $\boldsymbol{S}$ 与 $\boldsymbol{P}_2$、矩阵 $\boldsymbol{M}$ 与矩阵 $\boldsymbol{Y}$，以及正数 γ，使得 LMI(3-22)与 LMI(3-30)成立，则故障 $\boldsymbol{f}$ 的估计为

$$\hat{\boldsymbol{f}} = \boldsymbol{U}_2\dot{\boldsymbol{y}} + \boldsymbol{G}_1\hat{\boldsymbol{x}}_1 + \boldsymbol{G}_2 y - (\boldsymbol{U}_2\boldsymbol{CNT}_1 + \boldsymbol{T}_3)\boldsymbol{g}(t,\boldsymbol{T}\hat{\boldsymbol{x}}) \tag{3-34}$$

式中

$$\boldsymbol{G}_1 = \boldsymbol{U}_2\boldsymbol{CN}(\boldsymbol{LU}_3\boldsymbol{CN} - \bar{\boldsymbol{A}}_{11} + \bar{\boldsymbol{A}}_{12}\boldsymbol{U}_1\boldsymbol{CN} + \bar{\boldsymbol{A}}_{13}\boldsymbol{U}_2\boldsymbol{CN}) - \bar{\boldsymbol{A}}_{31} + \bar{\boldsymbol{A}}_{32}\boldsymbol{U}_1\boldsymbol{CN} + \bar{\boldsymbol{A}}_{33}\boldsymbol{U}_2\boldsymbol{CN}$$

$$\boldsymbol{G}_2 = \boldsymbol{U}_2\boldsymbol{CN}(-\boldsymbol{LU}_3 - \bar{\boldsymbol{A}}_{12}\boldsymbol{U}_1 - \bar{\boldsymbol{A}}_{13}\boldsymbol{U}_2) - \bar{\boldsymbol{A}}_{32}\boldsymbol{U}_1 - \bar{\boldsymbol{A}}_{33}\boldsymbol{U}_2 - (\boldsymbol{U}_2\boldsymbol{CN}\bar{\boldsymbol{B}}_1 + \bar{\boldsymbol{B}}_3)\boldsymbol{K}$$

证明 由定理 3-2 与式(3-28)可知，$\bar{\boldsymbol{x}} \to \hat{\bar{\boldsymbol{x}}}$，从而根据式(3-21)得到故障 $\boldsymbol{f}$ 的估计为

$$\hat{\boldsymbol{f}} = \dot{\hat{\bar{\boldsymbol{x}}}}_3 - \begin{bmatrix} \bar{\boldsymbol{A}}_{31} & \bar{\boldsymbol{A}}_{32} & \bar{\boldsymbol{A}}_{33} \end{bmatrix}\hat{\bar{\boldsymbol{x}}} - \boldsymbol{T}_3\boldsymbol{g}(t,\boldsymbol{T}\hat{\bar{\boldsymbol{x}}}) - \bar{\boldsymbol{B}}_3\boldsymbol{u}$$

由定理 3-1 可知，$\boldsymbol{u} = \boldsymbol{Ky}$，再通过式(3-26)与式(3-27)计算可得

$$\hat{\boldsymbol{f}} = \boldsymbol{U}_2\dot{\boldsymbol{y}} + \boldsymbol{G}_1\hat{\boldsymbol{x}}_1 + \boldsymbol{G}_2\boldsymbol{y} - (\boldsymbol{U}_2\boldsymbol{CNT}_1 + \boldsymbol{T}_3)\boldsymbol{g}(t,\boldsymbol{T}\hat{\bar{\boldsymbol{x}}})$$

从而，定理 3-3 得证。

注 3-7 与文献[39]中线性动态系统的故障估计相比，本章通过设计 H_∞ 输出反馈控制器给出了受扰非线性动态系统(3-10)的控制信号，并通过 Lyapunov 泛函与 LMI 设计降维观测器，最终实现了对系统(3-10)中故障的估计。

注 3-8 实际中由于测量噪声的存在，难以获得 $\boldsymbol{y}$ 与 $\dot{\boldsymbol{y}}$ 的精确值，此时可以采用 Levant 微分器[66]来得到 $\boldsymbol{y}$ 与 $\dot{\boldsymbol{y}}$ 的估计值。

3.3.5 仿真分析

考虑在航天飞行器中有广泛应用的柔性机械臂系统，其状态空间方程为[22,33]

$$\begin{cases} \dot{\theta}_m = \omega_m \\ \dot{\omega}_m = \dfrac{k}{J_m}(\theta_l - \theta_m) - \dfrac{b}{J_m}\omega_m + \dfrac{K_\tau}{J_m}u \\ \dot{\theta}_l = \omega_l \\ \dot{\omega}_l = \dfrac{k}{J_l}(\theta_l - \theta_m) - \dfrac{mgh}{J_l}\sin(\theta_l) \end{cases} \tag{3-35}$$

状态 $\boldsymbol{x}=[\theta_m \quad \omega_m \quad \theta_l \quad \omega_l]^{\mathrm{T}}$。在上述系统模型中再考虑外部扰动与故障，给出系统(3－35)中的矩阵如下：

$$\boldsymbol{A}=\begin{bmatrix} 0 & 1 & 0 & 0 \\ -48.6 & -1.25 & 48.6 & 0 \\ 0 & 0 & 0 & 10 \\ 1.95 & 0 & -1.95 & 0 \end{bmatrix},\quad \boldsymbol{B}=\begin{bmatrix} 0 \\ 21.6 \\ 0 \\ 0 \end{bmatrix},\quad \boldsymbol{C}=\begin{bmatrix} 1 & 0 & 0 & 0 \\ 0 & 1 & 0 & 0 \\ 0 & 0 & 1 & 1 \end{bmatrix}$$

$$\boldsymbol{D}=[1 \quad 0 \quad 0 \quad 0]^{\mathrm{T}},\quad \boldsymbol{F}=[0 \quad 21.6 \quad 0 \quad 0]^{\mathrm{T}}$$

系统(3－35)的非线性向量 $\boldsymbol{g}$ 为 $\boldsymbol{g}(t,\boldsymbol{x})=[0 \quad 0 \quad 0 \quad -0.333\sin x_3]^{\mathrm{T}}$，外部干扰 d 设为 $d=0.1\sin(2t+3)$。

取非奇异变换

$$\boldsymbol{T}=[\boldsymbol{N} \mid \boldsymbol{D} \mid \boldsymbol{F}]=\left[\begin{array}{cc:c:c} 0 & 0 & 1 & 0 \\ 0 & 0 & 0 & 21.6 \\ 1 & 0 & 0 & 0 \\ 0 & 1 & 0 & 0 \end{array}\right],\quad \boldsymbol{U}=[\boldsymbol{CD} \mid \boldsymbol{CF} \mid \boldsymbol{Q}]=\left[\begin{array}{c:c:c} 1 & 0 & 0 \\ 0 & 21.6 & 0 \\ 0 & 0 & 1 \end{array}\right]$$

由定理 3－1 设计 H_∞ 输出反馈控制器 $\boldsymbol{u}=\boldsymbol{K}\boldsymbol{y}$，求解 LMI(3－22)得到控制输入 $\boldsymbol{u}$ 的增益矩阵 $\boldsymbol{K}=[-11.511\,2 \quad -1.428\,2 \quad -5.298\,5]$。通过求解定理 3－2 中的 LMI(3－30)，可以得到降维观测器增益矩阵 $\boldsymbol{L}=[4.437\,1 \quad 1.105\,8]^{\mathrm{T}}$，从而完成降维观测器(3－26)的设计。

根据 3.3.2 节以及设计的降维观测器(3－26)可得故障估计的示意图，如图 3－2 所示。

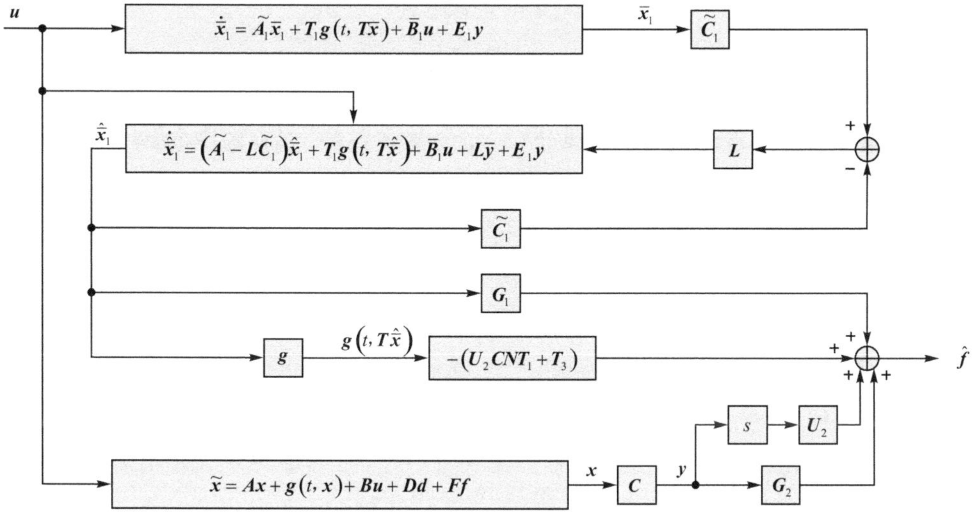

图 3－2　故障估计示意图

非线性动态系统(3-35)的初始状态设为 $\boldsymbol{x}(0)=[0.15\quad -0.08\quad 0.17\quad -0.24]^{\mathrm{T}}$,经过坐标变换 $\boldsymbol{T}$ 得到系统(3-20)的初始状态为 $\bar{\boldsymbol{x}}_1(0)=[0.17\quad -0.24]^{\mathrm{T}}$,观测器系统(3-26)的初始状态设为 $\hat{\bar{\boldsymbol{x}}}_1(0)=[0\quad 0]^{\mathrm{T}}$。由定理3-3中的式(3-34)即可得到执行器故障 $\boldsymbol{f}$ 的估计。为实现执行器故障估计任务而引入的控制输入信号如图3-3所示。

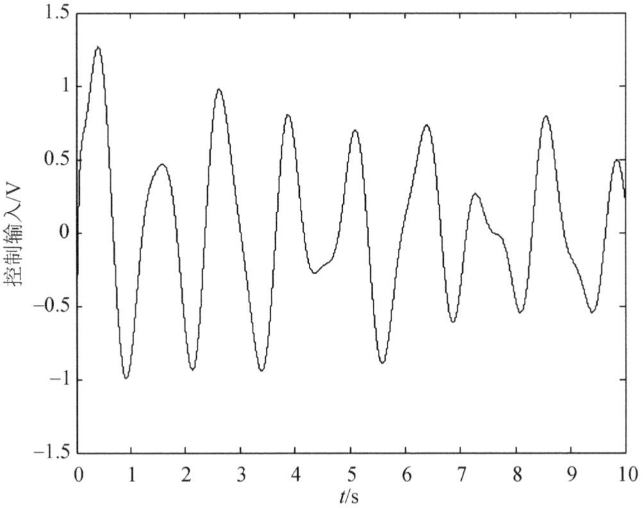

图3-3 控制输入信号

假设系统(3-35)中的执行器发生如下故障:

$$f(t)=0.4\sin \pi t\cos 2\pi t,\quad 0\leqslant t\leqslant 10$$

系统(3-20)的观测误差仿真结果如图3-4所示,其中 $[e_{11}\quad e_{12}]^{\mathrm{T}}=\boldsymbol{e}_1=\bar{\boldsymbol{x}}_1-\hat{\bar{\boldsymbol{x}}}_1$,仿真结果验证了观测误差动态系统(3-29)是渐近稳定的(图中实线为故障 e_{11},虚线为故障 e_{12})。基于本章设计的降维观测器方法得到的故障估计仿真结果与故障真实值的比较如图3-5所示(图中实线为故障 $\boldsymbol{f}$,虚线为 $\hat{\boldsymbol{f}}$)。为了说明本章所提方法的优点,再利用文献[34]中的方法来估计执行器故障,故障真实值与估计的比较结果如图3-6所示。图3-7所示为本章方法与文献[34]中方法的故障估计误差对比($f-\hat{f}$)曲线。其中,实线为本章方法,虚线为文献[34]的方法。通过对比可以看出,在暂态过程后,本章的方法可以获得更高精度的故障估计结果。并且,文献[34]的方法需要已知故障的先验信息才能实现故障估计,而本章的方法并不需要这些信息。因此,本章的方法适用范围更广,更易于工程实现。

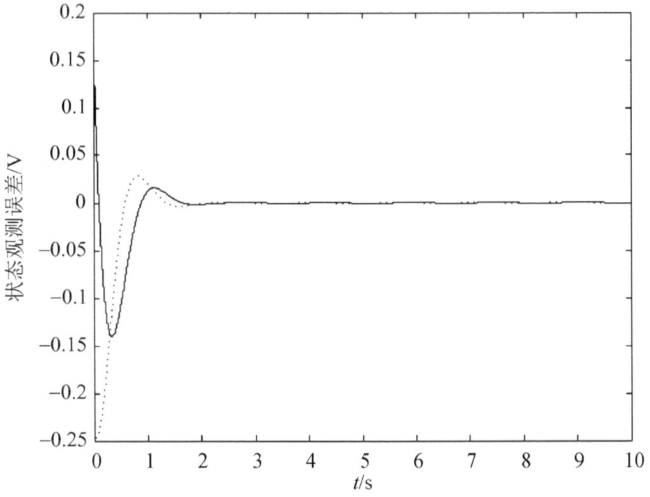

图 3－4　观测误差仿真结果

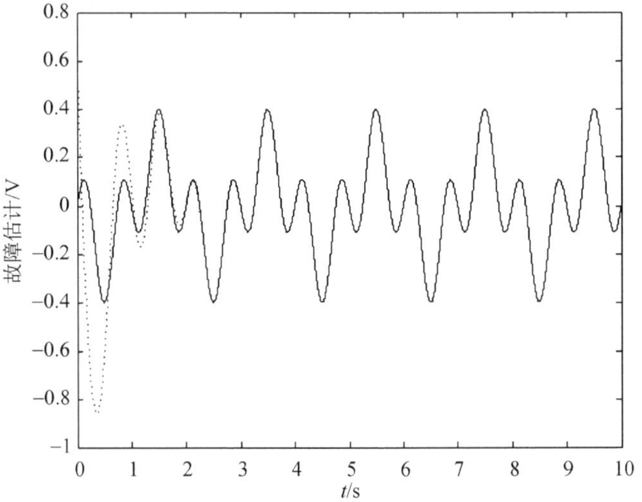

图 3－5　故障真实值与估计值(本章方法)

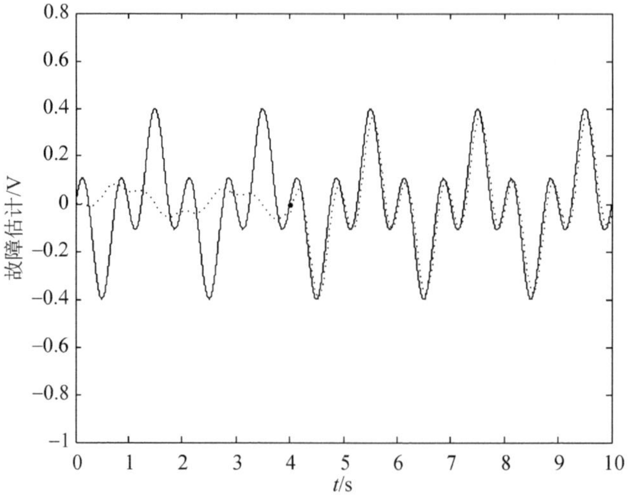

图 3-6　故障真实值与估计值(文献[34])

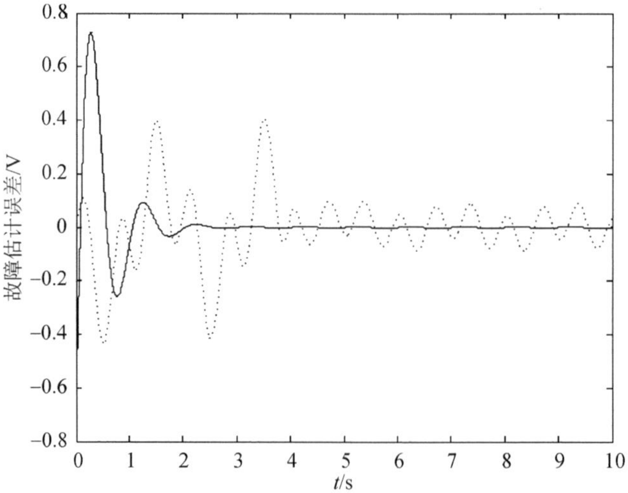

图 3-7　故障估计误差对比

3.4　基于降维观测器的 T－S 模糊非线性系统的故障估计

3.4.1　系统与问题描述

下面采用 T－S 模糊模型对非线性动态系统进行建模。通过模糊 IF－THEN 规则来描述系统，T－S 模糊模型的第 i 条规则如下：

Rule i：

IF $z_1(t)$ is μ_{i1}，and …，and $z_s(t)$ is μ_{is}，THEN

$$\begin{cases}\dot{\boldsymbol{x}}(t)=\boldsymbol{A}_i\boldsymbol{x}(t)+\boldsymbol{B}_i\boldsymbol{u}(t)+\boldsymbol{D}_i\boldsymbol{d}(t)+\boldsymbol{F}_i\boldsymbol{f}(t)\\ \boldsymbol{y}(t)=\boldsymbol{C}_i\boldsymbol{x}(t)\end{cases}\tag{3-36}$$

式中，$i=1,2,\cdots,q$，q 为模糊规则数，$z_j(t)(j=1,2,\cdots,s)$为模糊推理前件变量，μ_{ij} 为模糊集合，$\boldsymbol{x}\in\mathbb{R}^n$ 为系统的状态向量，$\boldsymbol{u}\in\mathbb{R}^m$ 为系统的控制输入向量，$\boldsymbol{y}\in\mathbb{R}^p$ 为系统的输出向量，$\boldsymbol{d}\in\mathbb{R}^l$ 为系统的外部扰动，$\boldsymbol{f}\in\mathbb{R}^v$ 为执行器故障(元器件故障)向量。$\boldsymbol{A}_i,\boldsymbol{B}_i,\boldsymbol{C}_i,\boldsymbol{D}_i,\boldsymbol{F}_i$ 为适当维数的常值矩阵，矩阵 $\boldsymbol{C}_i$ 为行满秩矩阵，矩阵 $\boldsymbol{D}_i$ 与 $\boldsymbol{F}_i$ 为列满秩矩阵，且满足等式条件，$\mathrm{rank}(\boldsymbol{C}_i\boldsymbol{F}_i)=\mathrm{rank}(\boldsymbol{F})=v$，$\mathrm{rank}(\boldsymbol{C}_i\boldsymbol{D}_i)=\mathrm{rank}(\boldsymbol{D}_i)=l$，$\mathrm{rank}\,[\boldsymbol{C}_i\boldsymbol{D}_i\quad \boldsymbol{C}_i\boldsymbol{F}_i]=\mathrm{rank}(\boldsymbol{C}_i\boldsymbol{D}_i)+\mathrm{rank}(\boldsymbol{C}_iF_i)$。采用单点模糊化、乘积推理与中心平均清晰化方法，则 T－S 模糊非线性系统可以写为

$$\begin{cases}\dot{\boldsymbol{x}}(t)=\sum_{i=1}^{q}h_i(\boldsymbol{z}(t))\,[\boldsymbol{A}_i\boldsymbol{x}(t)+\boldsymbol{B}_i\boldsymbol{u}(t)+\boldsymbol{D}_i\boldsymbol{d}(t)+\boldsymbol{F}_i\boldsymbol{f}(t)]\\ \boldsymbol{y}(t)=\sum_{i=1}^{q}h_i(\boldsymbol{z}(t))\boldsymbol{C}_i\boldsymbol{x}(t)\end{cases}\tag{3-37}$$

式中

$$\boldsymbol{z}(t)=[z_1(t),\cdots,z_s(t)],\quad h_i(\boldsymbol{z}(t))=\frac{\omega_i(\boldsymbol{z}(t))}{\sum_{i=1}^{q}\omega_i(\boldsymbol{z}(t))},\quad \omega_i(\boldsymbol{z}(t))=\prod_{j=1}^{s}\mu_{ij}(z_j(t))$$

式中，$\mu_{ij}(z_j(t))$为 $z_j(t)$在 μ_{ij} 中的隶属度。

假设对任意的 $\boldsymbol{z}(t)$都有

$$\sum_{i=1}^{q}\omega_i(\boldsymbol{z}(t))>0,\quad \omega_i(\boldsymbol{z}(t))\geqslant 0,\quad i=1,2,\cdots,q$$

从而 $h_i(\boldsymbol{z}(t))$满足

$$\sum_{i=1}^{q}h_i(\boldsymbol{z}(t))=1,\quad h_i(\boldsymbol{z}(t))\geqslant 0,\quad i=1,2,\cdots,q$$

下面的任务就是设计 T－S 模糊非线性系统(3－37)的降维观测器，最终利用所设计的观测器实现系统(3－37)中故障 $\boldsymbol{f}$ 的估计。

首先对每个子系统作坐标变换，从而把系统(3-37)中可以测量的状态变量分离出来，以方便后续设计降维观测器实现故障估计。为叙述方便，将 $\bar{\boldsymbol{x}}(t)$ 简记为 $\bar{\boldsymbol{x}}$，其余变量以此类推。

对应式(3-36)中的第 i 条模糊规则，对状态向量作变换 $\boldsymbol{x}(t)=\boldsymbol{T}_i\bar{\boldsymbol{x}}(t)$，其中，$\boldsymbol{T}_i=[\boldsymbol{N}_i \quad \boldsymbol{D}_i \quad \boldsymbol{F}_i]$。为了得到输出 $\boldsymbol{y}$ 与状态 $\bar{\boldsymbol{x}}_1$ 的关系，以方便后续降维观测器的设计，再考虑坐标变换 $\boldsymbol{U}_i=[\boldsymbol{C}_i\boldsymbol{D}_i \quad \boldsymbol{C}_i\boldsymbol{F}_i \quad \boldsymbol{Q}_i]$，并记 $\boldsymbol{U}_i^{-1}=[\boldsymbol{U}_{i1}^{\mathrm{T}} \quad \boldsymbol{U}_{i2}^{\mathrm{T}} \quad \boldsymbol{U}_{i3}^{\mathrm{T}}]^{\mathrm{T}}$。通过计算可知

$$\boldsymbol{U}_i^{-1}\boldsymbol{U}_i=\begin{bmatrix}\boldsymbol{U}_{i1}\\ \boldsymbol{U}_{i2}\\ \boldsymbol{U}_{i3}\end{bmatrix}[\boldsymbol{C}_i\boldsymbol{D}_i \quad \boldsymbol{C}_i\boldsymbol{F}_i \quad \boldsymbol{Q}_i]$$

$$=\begin{bmatrix}\boldsymbol{U}_{i1}\boldsymbol{C}_i\boldsymbol{D}_i & \boldsymbol{U}_{i1}\boldsymbol{C}_iF_i & \boldsymbol{U}_{i1}\boldsymbol{Q}_i\\ \boldsymbol{U}_{i2}\boldsymbol{C}_i\boldsymbol{D}_i & \boldsymbol{U}_{i2}\boldsymbol{C}_iF_i & \boldsymbol{U}_{i2}\boldsymbol{Q}_i\\ \boldsymbol{U}_{i3}\boldsymbol{C}_i\boldsymbol{D}_i & \boldsymbol{U}_{i3}\boldsymbol{C}_iF_i & \boldsymbol{U}_{i3}\boldsymbol{Q}_i\end{bmatrix}=\begin{bmatrix}\boldsymbol{I}_l & \boldsymbol{0} & \boldsymbol{0}\\ \boldsymbol{0} & \boldsymbol{I}_v & \boldsymbol{0}\\ \boldsymbol{0} & \boldsymbol{0} & \boldsymbol{I}_{p-l-v}\end{bmatrix}$$

利用 $\boldsymbol{U}_i-1$ 左乘式(3-36)中输出方程的两边，并采用单点模糊化、乘积推理与中心平均清晰化方法，则有

$$[\boldsymbol{I}_{n-l-v} \quad \boldsymbol{0} \quad \boldsymbol{0}]\dot{\bar{\boldsymbol{x}}}=\sum_{i=1}^{q}h_i(\boldsymbol{z})\left\{[\bar{\boldsymbol{A}}_{i11} \quad \bar{\boldsymbol{A}}_{i12} \quad \bar{\boldsymbol{A}}_{i13}]\bar{\boldsymbol{x}}+\bar{\boldsymbol{B}}_{i1}\boldsymbol{u}\right\} \tag{3-38}$$

$$[\boldsymbol{0} \quad \boldsymbol{I}_l \quad \boldsymbol{0}]\dot{\bar{\boldsymbol{x}}}=\sum_{i=1}^{q}h_i(\boldsymbol{z})\left\{[\bar{\boldsymbol{A}}_{i21} \quad \bar{\boldsymbol{A}}_{i22} \quad \bar{\boldsymbol{A}}_{i23}]\bar{\boldsymbol{x}}+\bar{\boldsymbol{B}}_{i2}u+\boldsymbol{I}_l\boldsymbol{d}\right\} \tag{3-39}$$

$$[\boldsymbol{0} \quad \boldsymbol{0} \quad \boldsymbol{I}_v]\dot{\bar{\boldsymbol{x}}}=\sum_{i=1}^{q}h_i(\boldsymbol{z})\left\{[\bar{\boldsymbol{A}}_{i31} \quad \bar{\boldsymbol{A}}_{i32} \quad \bar{\boldsymbol{A}}_{i33}]\bar{\boldsymbol{x}}+\bar{\boldsymbol{B}}_{i3}u+\boldsymbol{I}_v\boldsymbol{f}\right\} \tag{3-40}$$

$$\sum_{i=1}^{q}h_i(\boldsymbol{z})\boldsymbol{U}_{i1}\boldsymbol{y}=\sum_{i=1}^{q}h_i(\boldsymbol{z})(\boldsymbol{U}_{i1}\boldsymbol{C}_i\boldsymbol{N}_i\bar{\boldsymbol{x}}_1+\bar{\boldsymbol{x}}_2) \tag{3-41}$$

$$\sum_{i=1}^{q}h_i(\boldsymbol{z})\boldsymbol{U}_{i2}\boldsymbol{y}=\sum_{i=1}^{q}h_i(\boldsymbol{z})(\boldsymbol{U}_{i2}\boldsymbol{C}_i\boldsymbol{N}_i\bar{\boldsymbol{x}}_1+\bar{\boldsymbol{x}}_3) \tag{3-42}$$

$$\sum_{i=1}^{q}h_i(\boldsymbol{z})\boldsymbol{U}_{i3}\boldsymbol{y}=\sum_{i=1}^{q}h_i(\boldsymbol{z})(\boldsymbol{U}_{i3}\boldsymbol{C}_i\boldsymbol{N}_i\bar{\boldsymbol{x}}_1) \tag{3-43}$$

式中，$\bar{\boldsymbol{x}}=[\bar{\boldsymbol{x}}_1^{\mathrm{T}} \quad \bar{\boldsymbol{x}}_2^{\mathrm{T}} \quad \bar{\boldsymbol{x}}_3^{\mathrm{T}}]^{\mathrm{T}}$，$\bar{\boldsymbol{x}}_1\in\mathbb{R}^{n-l-v}$，$\bar{\boldsymbol{x}}_2\in\mathbb{R}^{l}$，$\bar{\boldsymbol{x}}_3\in\mathbb{R}^{v}$。式(3-38)～式(3-40)中的矩阵分别为

$$\bar{\boldsymbol{A}}_i=\boldsymbol{T}_i^{-1}\boldsymbol{A}_i\boldsymbol{T}_i=\begin{bmatrix}\bar{\boldsymbol{A}}_{i11} & \bar{\boldsymbol{A}}_{i12} & \bar{\boldsymbol{A}}_{i13}\\ \bar{\boldsymbol{A}}_{i21} & \bar{\boldsymbol{A}}_{i22} & \bar{\boldsymbol{A}}_{i23}\\ \bar{\boldsymbol{A}}_{i31} & \bar{\boldsymbol{A}}_{i32} & \bar{\boldsymbol{A}}_{i33}\end{bmatrix}, \quad \bar{\boldsymbol{B}}_i=\boldsymbol{T}_i^{-1}\boldsymbol{B}_i=\begin{bmatrix}\bar{\boldsymbol{B}}_{i1}\\ \bar{\boldsymbol{B}}_{i2}\\ \bar{\boldsymbol{B}}_{i3}\end{bmatrix}$$

$$\bar{\boldsymbol{C}}_i=\boldsymbol{C}_i\boldsymbol{T}_i=[\boldsymbol{C}_i\boldsymbol{N}_i \quad \boldsymbol{C}_i\boldsymbol{D}_i \quad \boldsymbol{C}_iF_i], \quad \bar{\boldsymbol{D}}_i=\boldsymbol{T}_i^{-1}\boldsymbol{D}_i=\begin{bmatrix}\boldsymbol{0}\\ \boldsymbol{I}_l\\ \boldsymbol{0}\end{bmatrix}, \quad \bar{\boldsymbol{F}}_i=\boldsymbol{T}_i^{-1}\boldsymbol{F}_i=\begin{bmatrix}\boldsymbol{0}\\ \boldsymbol{0}\\ \boldsymbol{I}_v\end{bmatrix}$$

令 $\bar{\boldsymbol{y}}=\sum_{i=1}^{q}h_i(\boldsymbol{z})\boldsymbol{U}_{i3}\boldsymbol{y}$，由式(3-38)，式(3-41)与式(3-43)可知

$$\begin{cases}\dot{\bar{\boldsymbol{x}}}_1=\widetilde{\boldsymbol{A}}_1\bar{\boldsymbol{x}}_1+\widetilde{\boldsymbol{B}}_1u+\boldsymbol{E}_1\boldsymbol{y}\\ \bar{\boldsymbol{y}}=\widetilde{\boldsymbol{C}}_1\bar{\boldsymbol{x}}_1\end{cases}\tag{3-44}$$

式中

$$\widetilde{\boldsymbol{A}}_1=\sum_{i=1}^{q}h_i(\boldsymbol{z})\left[\bar{\boldsymbol{A}}_{i11}-\bar{\boldsymbol{A}}_{i12}\sum_{j=1}^{q}h_j(\boldsymbol{z})\boldsymbol{U}_{j1}\boldsymbol{C}_j\boldsymbol{N}_j-\bar{\boldsymbol{A}}_{i13}\sum_{j=1}^{q}h_j(\boldsymbol{z})\boldsymbol{U}_{j2}\boldsymbol{C}_j\boldsymbol{N}_j\right]$$

$$\widetilde{\boldsymbol{B}}_1=\sum_{i=1}^{q}h_i(\boldsymbol{z})\bar{\boldsymbol{B}}_{i1},\boldsymbol{E}_1=\sum_{i=1}^{q}h_i(\boldsymbol{z})\left[\bar{\boldsymbol{A}}_{i12}\sum_{j=1}^{q}h_j(\boldsymbol{z})\boldsymbol{U}_{j1}+\bar{\boldsymbol{A}}_{i13}\sum_{i=1}^{q}h_i(\boldsymbol{z})\boldsymbol{U}_{i2}\right]$$

$$\widetilde{\boldsymbol{C}}_1=\sum_{i=1}^{q}h_i(\boldsymbol{z})\boldsymbol{U}_{i3}\boldsymbol{C}_i\boldsymbol{N}_i$$

由式(3-40)得到故障 $\boldsymbol{f}$ 为

$$\boldsymbol{f}=\dot{\bar{\boldsymbol{x}}}_3-\sum_{i=1}^{q}h_i(\boldsymbol{z})\left\{\left[\bar{\boldsymbol{A}}_{i31}\quad\bar{\boldsymbol{A}}_{i32}\quad\bar{\boldsymbol{A}}_{i33}\right]\bar{\boldsymbol{x}}+\bar{\boldsymbol{B}}_{i3}\boldsymbol{u}\right\}\tag{3-45}$$

后面将利用式(3-45)来估计故障 $\boldsymbol{f}$，从中可以看出，需要控制信号 $\boldsymbol{u}$ 与状态 $\bar{\boldsymbol{x}}$ 的估计来获得故障 $\boldsymbol{f}$ 的估计，因此需要先针对系统(3-37)设计控制器。3.4.2 小节将采用输出反馈给出控制信号，从而为故障 $\boldsymbol{f}$ 的估计奠定基础。

3.4.2　H_∞输出反馈控制器设计

下面设计系统(3-37)基于输出反馈的鲁棒控制器，以便为下一步实现故障估计提供控制信号。

定理 3-4　考虑 T-S 模糊非线性系统(3-37)，若存在正定矩阵 $\boldsymbol{S}$ 与矩阵 $\boldsymbol{M}_k$ 以及正数 γ，使得如下 LMI

$$\boldsymbol{\Theta}=\begin{bmatrix}\boldsymbol{A}_i\boldsymbol{S}+\boldsymbol{S}\boldsymbol{A}_i^{\mathrm{T}}+\boldsymbol{B}_i\boldsymbol{M}_k+\boldsymbol{M}_k^{\mathrm{T}}\boldsymbol{B}_i^{\mathrm{T}} & \boldsymbol{D}_i & \boldsymbol{S}\boldsymbol{C}_i^{\mathrm{T}}\\ * & -\gamma\boldsymbol{I}_l & \boldsymbol{0}\\ * & * & -\gamma\boldsymbol{I}_p\end{bmatrix}<\boldsymbol{0}\tag{3-46}$$

有解，那么存在控制律 $\boldsymbol{u}=\sum_{i=1}^{q}h_i(\boldsymbol{z})(\boldsymbol{K}_i\boldsymbol{y})$，$\boldsymbol{K}_k=\boldsymbol{M}_k\boldsymbol{S}^{-1}\boldsymbol{C}_k^{-}$（$\boldsymbol{C}_k^{-}$ 是 $\boldsymbol{C}_k$ 的右伪逆矩阵），$i,k=1,2,\cdots,q$，使得系统(3-37)具有 H_∞ 性能 γ，即

① 当干扰 $\boldsymbol{d}=\boldsymbol{0}$ 时，系统(3-37)是渐近稳定的；

② 当干扰 $\boldsymbol{d}\neq\boldsymbol{0}$ 时，则有，$\|\boldsymbol{y}\|_2^2\leqslant\gamma^2\|\boldsymbol{d}\|_2^2$。

证明　对应式(3-36)中的第 i 条模糊规则，设计模糊输出反馈控制器

Rule i：

IF $z_1(t)$ is μ_{i1}，and …，and $z_s(t)$ is μ_{is}，THEN

$$\boldsymbol{u}=\boldsymbol{K}_i\boldsymbol{y}=\boldsymbol{K}_i\boldsymbol{C}_i\boldsymbol{x}$$

其中，$\boldsymbol{K}_i$ 为增益矩阵，从而采用单点模糊化、乘积推理与中心平均清晰化方法，有

$$\boldsymbol{u}=\sum_{i=1}^{q}h_i(\boldsymbol{z})(\boldsymbol{K}_i\boldsymbol{y})=\sum_{i=1}^{q}h_i(\boldsymbol{z})\boldsymbol{K}_i\boldsymbol{C}_i\boldsymbol{x}$$

将 $\boldsymbol{u}$ 代入式(3－37)可得

$$\dot{\boldsymbol{x}}(t)=\sum_{i=1}^{q}h_i(\boldsymbol{z})\left[\boldsymbol{A}_i\boldsymbol{x}+\boldsymbol{B}_i\sum_{k=1}^{q}h_k(\boldsymbol{z})\boldsymbol{K}_k\boldsymbol{C}_k x+\boldsymbol{D}_i\boldsymbol{d}\right] \tag{3-47}$$

定义 Lyapunov 泛函 $V_1=\boldsymbol{x}^{\mathrm{T}}\boldsymbol{P}_1\gamma\boldsymbol{x}$，$\boldsymbol{P}_1$ 为正定矩阵。再定义

$$J=\frac{\dot{V}_1+\boldsymbol{y}^{\mathrm{T}}\boldsymbol{y}-\gamma^2\boldsymbol{d}^{\mathrm{T}}\boldsymbol{d}}{\gamma} \tag{3-48}$$

① 当 $\boldsymbol{d}=\boldsymbol{0}$ 时，若 $J<0$，由式(3－48)可知，$\dot{V}_1+\boldsymbol{y}^{\mathrm{T}}\boldsymbol{y}<0$，那么 $\dot{V}_1<0$，从而系统(3－37)是渐近稳定的。

② 当干扰 $\boldsymbol{d}\neq\boldsymbol{0}$ 时，在零初始条件下，有 $V_1(0)=0$。若 $J<0$，则有

$$\int_0^{T_f}J\,\mathrm{d}t=\frac{V_1(T_f)-V_1(0)}{\gamma}+\frac{1}{\gamma}\int_0^{T_f}\boldsymbol{y}^{\mathrm{T}}\boldsymbol{y}\,\mathrm{d}t-\gamma\int_0^{T_f}\boldsymbol{d}^{\mathrm{T}}\boldsymbol{d}\,\mathrm{d}t<0$$

即

$$\int_0^{T_f}J\,\mathrm{d}t=\frac{V_1(T_f)}{\gamma}+\frac{1}{\gamma}\int_0^{T_f}\boldsymbol{y}^{\mathrm{T}}\boldsymbol{y}\,\mathrm{d}t-\gamma\int_0^{T_f}\boldsymbol{d}^{\mathrm{T}}\boldsymbol{d}\,\mathrm{d}t<0 \tag{3-49}$$

由于 $V_1(T_f)>0$，因此由式(3－49)可知，对所有的 $T_f>0$ 有

$$\frac{1}{\gamma}\int_0^{T_f}\boldsymbol{y}^{\mathrm{T}}\boldsymbol{y}\,\mathrm{d}t-\gamma\int_0^{T_f}\boldsymbol{d}^{\mathrm{T}}\boldsymbol{d}\,\mathrm{d}t<0$$

从而，$\|\boldsymbol{y}\|_2^2\leqslant\gamma^2\|\boldsymbol{d}\|_2^2$。

综上可知，若 $J<0$，则定理 3－4 得证，下面给出 $J<0$ 的条件。由 V_1 与 J 的定义，通过计算可知

$$\begin{aligned}
J=&\frac{1}{\gamma}\Big\{\boldsymbol{x}^{\mathrm{T}}\boldsymbol{P}_1\gamma\Big(\sum_{i=1}^{q}h_i(\boldsymbol{z})\Big[\boldsymbol{A}_i\boldsymbol{x}+\boldsymbol{B}_i\sum_{k=1}^{q}h_k(\boldsymbol{z})\boldsymbol{K}_k\boldsymbol{C}_k\boldsymbol{x}+\boldsymbol{D}_i\boldsymbol{d}\Big]\Big)+\boldsymbol{y}^{\mathrm{T}}\boldsymbol{y}-\gamma^2\boldsymbol{d}^{\mathrm{T}}\boldsymbol{d}+\\
&\Big(\sum_{i=1}^{q}h_i(\boldsymbol{z})\Big[\boldsymbol{A}_i\boldsymbol{x}+\boldsymbol{B}_i\sum_{k=1}^{q}h_k(\boldsymbol{z})\boldsymbol{K}_k\boldsymbol{C}_k\boldsymbol{x}+\boldsymbol{D}_i\boldsymbol{d}\Big]\Big)^{\mathrm{T}}\boldsymbol{P}_1\gamma\boldsymbol{x}\Big\}\\
=&\boldsymbol{x}^{\mathrm{T}}\boldsymbol{P}_1\sum_{i=1}^{q}h_i(\boldsymbol{z})\Big[\boldsymbol{A}_i+\boldsymbol{B}_i\sum_{k=1}^{q}h_k(\boldsymbol{z})\boldsymbol{K}_k\boldsymbol{C}_k\Big]\boldsymbol{x}+\boldsymbol{x}^{\mathrm{T}}\sum_{i=1}^{q}h_i(\boldsymbol{z})\Big[\boldsymbol{A}_i^{\mathrm{T}}+\sum_{k=1}^{q}h_j(\boldsymbol{z})\boldsymbol{C}_k^{\mathrm{T}}\boldsymbol{K}_k^{\mathrm{T}}\boldsymbol{B}_i^{\mathrm{T}}\Big]\boldsymbol{P}_1\boldsymbol{x}+\\
&\boldsymbol{x}^{\mathrm{T}}\boldsymbol{P}_1\sum_{i=1}^{q}h_i(\boldsymbol{z})\boldsymbol{D}_i\boldsymbol{d}+\boldsymbol{d}^{\mathrm{T}}\sum_{i=1}^{q}h_i(\boldsymbol{z})\boldsymbol{D}_i{}^{\mathrm{T}}\boldsymbol{P}_1\boldsymbol{x}+\frac{1}{\gamma}\boldsymbol{x}^{\mathrm{T}}\Big[\sum_{i=1}^{q}h_i(\boldsymbol{z})\boldsymbol{C}_i^{\mathrm{T}}\Big]\Big[\sum_{i=1}^{q}h_i(\boldsymbol{z})\boldsymbol{C}_i\Big]\boldsymbol{x}-\gamma\boldsymbol{d}^{\mathrm{T}}\boldsymbol{d}\\
=&\sum_{i=1}^{q}\sum_{k=1}^{q}h_i(\boldsymbol{z})h_k(\boldsymbol{z})\boldsymbol{x}^{\mathrm{T}}\Big[\boldsymbol{P}_1(\boldsymbol{A}_i+\boldsymbol{B}_i\boldsymbol{K}_k\boldsymbol{C}_k)+(\boldsymbol{A}_i^{\mathrm{T}}+\boldsymbol{C}_k^{\mathrm{T}}\boldsymbol{K}_k^{\mathrm{T}}\boldsymbol{B}_i^{\mathrm{T}})\boldsymbol{P}_1+\frac{1}{\gamma}\boldsymbol{C}_i^{\mathrm{T}}\boldsymbol{C}_k\Big]\boldsymbol{x}+\\
&\sum_{i=1}^{q}\sum_{k=1}^{q}h_i(\boldsymbol{z})h_k(\boldsymbol{z})(\boldsymbol{x}^{\mathrm{T}}\boldsymbol{P}_1\boldsymbol{D}_i\boldsymbol{d}+\boldsymbol{d}^{\mathrm{T}}\boldsymbol{D}_i{}^{\mathrm{T}}\boldsymbol{P}_1\boldsymbol{x}-\gamma\boldsymbol{d}^{\mathrm{T}}\boldsymbol{d})
\end{aligned}$$

记 $\boldsymbol{Z}=\begin{bmatrix}\boldsymbol{x}\\ \boldsymbol{d}\end{bmatrix}$，可知，$J=\sum_{i=1}^{q}\sum_{k=1}^{q}h_i(\boldsymbol{z})h_k(\boldsymbol{z})\boldsymbol{Z}^{\mathrm{T}}\boldsymbol{\Pi}_{ik}\boldsymbol{Z}$，其中，

$$\boldsymbol{\Pi}_{ik}=\begin{bmatrix}\boldsymbol{P}_1(\boldsymbol{A}_i+\boldsymbol{B}_i\boldsymbol{K}_k\boldsymbol{C}_k)+(\boldsymbol{A}_i^{\mathrm{T}}+\boldsymbol{C}_k^{\mathrm{T}}\boldsymbol{K}_k^{\mathrm{T}}\boldsymbol{B}_i^{\mathrm{T}})\boldsymbol{P}_1+\dfrac{1}{\gamma}\boldsymbol{C}_i^{\mathrm{T}}\boldsymbol{C}_k & \boldsymbol{P}_1\boldsymbol{D}_i\\ * & -\gamma\boldsymbol{I}_l\end{bmatrix}$$

若 $\boldsymbol{\Pi}_{ik}<\mathbf{0}$,那么 $J<0$。由 Schur 补定理可得,$\boldsymbol{\Pi}_{ik}<\mathbf{0}$ 等价于 $\boldsymbol{\Delta}<\mathbf{0}$,其中,

$$\boldsymbol{\Delta}=\begin{bmatrix}\boldsymbol{P}_1(\boldsymbol{A}_i+\boldsymbol{B}_i\boldsymbol{K}_k\boldsymbol{C}_k)+(\boldsymbol{A}_i^{\mathrm{T}}+\boldsymbol{C}_k^{\mathrm{T}}\boldsymbol{K}_k^{\mathrm{T}}\boldsymbol{B}_i^{\mathrm{T}})\boldsymbol{P}_1 & \boldsymbol{P}_1\boldsymbol{D}_i & \boldsymbol{C}_i^{\mathrm{T}}\\ * & -\gamma\boldsymbol{I}_l & \mathbf{0}\\ * & * & -\gamma\boldsymbol{I}_p\end{bmatrix}\tag{3-50}$$

为了将式(3-50)最终化为 LMI 来求解,分别将 $\boldsymbol{\Delta}$ 左乘与右乘对角矩阵 $\mathrm{diag}(\boldsymbol{P}_1^{-1},\boldsymbol{I}_l,\boldsymbol{I}_p)$,并令 $\boldsymbol{S}=\boldsymbol{P}_1^{-1}$,$\boldsymbol{M}_k=\boldsymbol{K}_k\boldsymbol{C}_k\boldsymbol{S}$,$k=1,2,\cdots,q$,从而将 $\boldsymbol{\Delta}<\mathbf{0}$ 化为 $\boldsymbol{\Theta}<\mathbf{0}$,其中,

$$\boldsymbol{\Theta}=\begin{bmatrix}\boldsymbol{A}_i\boldsymbol{S}+\boldsymbol{S}\boldsymbol{A}_i^{\mathrm{T}}+\boldsymbol{B}_i\boldsymbol{M}_k+\boldsymbol{M}_k^{\mathrm{T}}\boldsymbol{B}_i^{\mathrm{T}} & \boldsymbol{D}_i & \boldsymbol{S}\boldsymbol{C}_i^{\mathrm{T}}\\ * & -\gamma\boldsymbol{I}_l & \mathbf{0}\\ * & * & -\gamma\boldsymbol{I}_p\end{bmatrix}$$

由定理 3-4 中的条件(3-46)可知,$\boldsymbol{\Theta}<\mathbf{0}$ 成立,由 $\boldsymbol{M}_k=\boldsymbol{K}_k\boldsymbol{C}_k\boldsymbol{S}$ 得到控制增益矩阵 $\boldsymbol{K}_k=\boldsymbol{M}_k\boldsymbol{S}^{-1}\boldsymbol{C}_k^{-}$,$k=1,2,\cdots,q$。从而完成 T-S 模糊非线性系统(3-37)的 H_∞ 输出反馈控制器设计。

3.4.3 降维观测器设计

针对系统(3-44),设计如下观测器:

$$\begin{cases}\dot{\hat{\boldsymbol{x}}}_1=(\widetilde{\boldsymbol{A}}_1-\boldsymbol{L}\widetilde{\boldsymbol{C}}_1)\hat{\boldsymbol{x}}_1+\widetilde{\boldsymbol{B}}_1u+\boldsymbol{L}\bar{\boldsymbol{y}}+\boldsymbol{E}_1\boldsymbol{y}\\ \hat{\boldsymbol{y}}=\widetilde{\boldsymbol{C}}_1\hat{\boldsymbol{x}}_1\end{cases}\tag{3-51}$$

式中,$\boldsymbol{L}=\sum\limits_{i=1}^{q}h_i(\boldsymbol{z})\boldsymbol{L}_i$,$\boldsymbol{L}_i$ 为将要设计的降维观测器增益矩阵。

由式(3-41)～式(3-42)知

$$\hat{\boldsymbol{x}}=\begin{bmatrix}\hat{\boldsymbol{x}}_1\\ \hat{\boldsymbol{x}}_2\\ \hat{\boldsymbol{x}}_3\end{bmatrix}=\begin{bmatrix}\hat{\boldsymbol{x}}_1\\ \sum\limits_{i=1}^{q}h_i(\boldsymbol{z})\boldsymbol{U}_{i1}\boldsymbol{y}-\sum\limits_{i=1}^{q}h_i(\boldsymbol{z})\boldsymbol{U}_{i1}\boldsymbol{C}_i\boldsymbol{N}_i\hat{\boldsymbol{x}}_1\\ \sum\limits_{i=1}^{q}h_i(\boldsymbol{z})\boldsymbol{U}_{i2}\boldsymbol{y}-\sum\limits_{i=1}^{q}h_i(\boldsymbol{z})\boldsymbol{U}_{i2}\boldsymbol{C}_i\boldsymbol{N}_i\hat{\boldsymbol{x}}_1\end{bmatrix}\tag{3-52}$$

令 $\boldsymbol{e}_1=\bar{\boldsymbol{x}}_1-\hat{\boldsymbol{x}}_1$,$\boldsymbol{e}=\bar{\boldsymbol{x}}-\hat{\boldsymbol{x}}$,从而

$$e=\begin{bmatrix}\bar{x}_1-\hat{\bar{x}}_1\\ -\sum_{i=1}^{q}h_i(z)U_{i1}C_iN_i(\bar{x}_1-\hat{\bar{x}}_1)\\ -\sum_{i=1}^{q}h_i(z)U_{i2}C_iN_i(\bar{x}_1-\hat{\bar{x}}_1)\end{bmatrix}=\begin{bmatrix}I_{n-l-v}\\ -\sum_{i=1}^{q}h_i(z)U_{i1}C_iN_i\\ -\sum_{i=1}^{q}h_i(z)U_{i2}C_iN_i\end{bmatrix}e_1 \tag{3-53}$$

记 $T_{e_1}=\begin{bmatrix}I_{n-l-v}\\ -\sum_{i=1}^{q}h_i(z)U_{i1}C_iN_i\\ -\sum_{i=1}^{q}h_i(z)U_{i2}C_iN_i\end{bmatrix}$，那么 $e=T_{e_1}e_1$。

由系统(3-44)与系统(3-51)，并根据 e_1 的定义，得到观测误差动态系统为

$$\dot{e}_1=(\tilde{A}_1-L\tilde{C}_1)e_1 \tag{3-54}$$

定理 3-5 考虑 T-S 模糊非线性系统(3-37)，若存在正定矩阵 P_2 与矩阵 Y_i 使得以下 LMI

$$\begin{aligned}&\bar{A}_{i11}^{\mathrm{T}}P_2+P_2\bar{A}_{i11}-(\bar{A}_{i12}U_{k1}C_kN_k)^{\mathrm{T}}P_2-P_2\bar{A}_{i12}U_{k1}C_kN_k-\\&(U_{k3}C_kN_k)^{\mathrm{T}}Y_i^{\mathrm{T}}-Y_iU_{k3}C_kN_k<0\end{aligned} \tag{3-55}$$

成立，其中，$i,k=1,2,\cdots,q$，则可以设计降维观测器(3-51)，其中 $L_i=P_2^{-1}Y_i$，使得观测误差动态系统(3-54)是渐近稳定的。

证明 取 Lyapunov 泛函 $V_2=e_1^{\mathrm{T}}P_2e_1$，$P_2$ 为正定矩阵。对 V_2 沿着系统(3-54)求导可得

$$\begin{aligned}\dot{V}_2=&\ e_1^{\mathrm{T}}[(\tilde{A}_1-L\tilde{C})^{\mathrm{T}}P_2+P_2(\tilde{A}_1-L\tilde{C}_1)]e_1\\
=&\ e_1^{\mathrm{T}}\Big\{\Big[\sum_{i=1}^{q}h_i(z)\Big(\bar{A}_{i11}-\bar{A}_{i12}\sum_{k=1}^{q}h_k(z)U_{k1}C_kN_k-\bar{A}_{i13}\sum_{k=1}^{q}h_k(z)U_{k2}C_kN_k\Big)\Big]^{\mathrm{T}}P_2-\\
&\Big[L\sum_{k=1}^{q}h_k(z)U_{k3}C_kN_k\Big]^{\mathrm{T}}P_2+P_2\Big[\sum_{i=1}^{q}h_i(z)\Big(\bar{A}_{i11}-\bar{A}_{i12}\sum_{k=1}^{q}h_k(z)U_{k1}C_kN_k\Big)\Big]-\\
&P_2\sum_{i=1}^{q}\sum_{k=1}^{q}\bar{A}_{i13}h_i(z)h_k(z)U_{k2}C_kN_k-P_2\Big[L\sum_{k=1}^{q}h_k(z)U_{k3}C_kN_k\Big]\Big\}e_1\\
=&\ e_1^{\mathrm{T}}\Big[\sum_{i=1}^{q}\sum_{k=1}^{q}h_i(z)h_k(z)(\bar{A}_{i11}-\bar{A}_{i12}U_{k1}C_kN_k-\bar{A}_{i13}U_{k2}C_kN_k-L_iU_{k3}C_kN_k)^{\mathrm{T}}P_2+\\
&\sum_{i=1}^{q}\sum_{k=1}^{q}h_i(z)h_k(z)P_2(\bar{A}_{i11}-\bar{A}_{i12}U_{k1}C_kN_k-\bar{A}_{i13}U_{k2}C_kN_k-L_iU_{k3}C_kN_k)\Big]e_1\end{aligned} \tag{3-56}$$

由式(3-56)可知，若

$$(\bar{\boldsymbol{A}}_{i11}-\bar{\boldsymbol{A}}_{i12}\boldsymbol{U}_{k1}\boldsymbol{C}_k\boldsymbol{N}_k-\bar{\boldsymbol{A}}_{i13}\boldsymbol{U}_{k2}\boldsymbol{C}_k\boldsymbol{N}_k-\boldsymbol{L}_i\boldsymbol{U}_{k3}\boldsymbol{C}_k\boldsymbol{N}_k)^{\mathrm{T}}\boldsymbol{P}_2+$$
$$\boldsymbol{P}_2(\bar{\boldsymbol{A}}_{i11}-\bar{\boldsymbol{A}}_{i12}\boldsymbol{U}_{k1}\boldsymbol{C}_k\boldsymbol{N}_k-\bar{\boldsymbol{A}}_{i13}\boldsymbol{U}_{k2}\boldsymbol{C}_k\boldsymbol{N}_k-\boldsymbol{L}_i\boldsymbol{U}_{k3}\boldsymbol{C}_k\boldsymbol{N}_k)<\boldsymbol{0} \tag{3-57}$$

成立，那么 $\dot{V}_2<0$，从而可知观测误差动态系统(3-54)将是渐近稳定的。下面给出式(3-57)成立的条件。

令 $\boldsymbol{Y}_i=\boldsymbol{P}_2\boldsymbol{L}_i$，则式(3-57)等价于定理 3-5 的式(3-55)所示的 LMI，因此观测误差动态系统(3-54)是渐近稳定的，且观测器增益矩阵 $\boldsymbol{L}_i=\boldsymbol{P}_2^{-1}\boldsymbol{Y}_i$，至此定理 3-5 得证。

3.4.4 故障估计

本小节将利用前面设计的 H_∞ 输出反馈控制器与降维观测器来估计系统(3-36)中的故障，结论如下。

定理 3-6　考虑 T-S 模糊非线性系统(3-37)，若存在正定矩阵 $\boldsymbol{S}$ 与 $\boldsymbol{P}_2$、矩阵 $\boldsymbol{M}_k$ 与矩阵 $\boldsymbol{Y}_i(i,k=1,2,\cdots,q)$，以及正数 γ，使得 LMI(3-46)与 LMI(3-55)成立，则故障 $\boldsymbol{f}$ 的估计为

$$\hat{\boldsymbol{f}}=\boldsymbol{U}_2\dot{\boldsymbol{y}}+\boldsymbol{G}_1\hat{\boldsymbol{x}}_1+\boldsymbol{G}_2\boldsymbol{y} \tag{3-58}$$

式中，

$$\boldsymbol{U}_2=\sum_{i=1}^{q}h_i(\boldsymbol{z})\boldsymbol{U}_{i2}$$

$$\boldsymbol{G}_1=\sum_{i=1}^{q}\sum_{j=1}^{q}\sum_{k=1}^{q}h_i(\boldsymbol{z})h_j(\boldsymbol{z})h_k(\boldsymbol{z})\big[\boldsymbol{U}_{i2}\boldsymbol{C}_i\boldsymbol{N}_i(\boldsymbol{L}_j\boldsymbol{U}_{k3}\boldsymbol{C}_k\boldsymbol{N}_k-\bar{\boldsymbol{A}}_{j11}+\bar{\boldsymbol{A}}_{j12}\boldsymbol{U}_{k1}\boldsymbol{C}_k\boldsymbol{N}_k)+$$
$$\boldsymbol{U}_{i2}\boldsymbol{C}_i\boldsymbol{N}_i\bar{\boldsymbol{A}}_{j13}\boldsymbol{U}_{k2}\boldsymbol{C}_k\boldsymbol{N}_k-\bar{\boldsymbol{A}}_{j31}+\bar{\boldsymbol{A}}_{j32}\boldsymbol{U}_{k1}\boldsymbol{C}_k\boldsymbol{N}_k+\bar{\boldsymbol{A}}_{j33}\boldsymbol{U}_{k2}\boldsymbol{C}_k\boldsymbol{N}_k\big]$$

$$\boldsymbol{G}_2=\sum_{i=1}^{q}\sum_{j=1}^{q}\sum_{k=1}^{q}\sum_{r=1}^{q}\sum_{w=1}^{q}h_i(\boldsymbol{z})h_j(\boldsymbol{z})h_k(\boldsymbol{z})h_r(\boldsymbol{z})h_w(\boldsymbol{z})\boldsymbol{U}_{i2}\boldsymbol{C}_i\boldsymbol{N}_i\cdot$$
$$\{-(\boldsymbol{L}_r\boldsymbol{U}_{w3}+\bar{\boldsymbol{A}}_{j12}\boldsymbol{U}_{k1}+\bar{\boldsymbol{A}}_{j13}\boldsymbol{U}_{k2})-$$
$$[\bar{\boldsymbol{A}}_{j32}\boldsymbol{U}_{k1}+\bar{\boldsymbol{A}}_{j33}\boldsymbol{U}_{k2}+(\boldsymbol{U}_{j2}\boldsymbol{C}_j\boldsymbol{N}_j\bar{\boldsymbol{B}}_{r1}+\bar{\boldsymbol{B}}_{j3})\boldsymbol{K}_k]\}$$

证明　由定理 3-5 与式(3-53)可知，$\bar{\boldsymbol{x}}\to\hat{\boldsymbol{x}}$，从而根据式(3-45)得到故障 $\boldsymbol{f}$ 的估计为

$$\hat{\boldsymbol{f}}=\dot{\hat{\boldsymbol{x}}}_3-\begin{bmatrix}\bar{\boldsymbol{A}}_{31} & \bar{\boldsymbol{A}}_{32} & \bar{\boldsymbol{A}}_{33}\end{bmatrix}\hat{\boldsymbol{x}}-\bar{\boldsymbol{B}}_3\boldsymbol{u}$$

由定理 3-4 可知，$\boldsymbol{u}=\sum_{i=1}^{q}h_i(\boldsymbol{z})(\boldsymbol{K}_i\boldsymbol{y})$，再通过式(3-51)与式(3-52)计算可得

$$\hat{\boldsymbol{f}}=\boldsymbol{U}_2\dot{\boldsymbol{y}}+\boldsymbol{G}_1\hat{\boldsymbol{x}}_1+\boldsymbol{G}_2\boldsymbol{y}$$

其中,$\boldsymbol{U}_2$,$\boldsymbol{G}_1$ 与 $\boldsymbol{G}_2$ 的表达式如定理 3 - 6 所示,从而定理 3 - 6 得证。

3.4.5　仿真分析

考虑以下 T - S 模糊非线性系统[46]

$$\begin{cases}\dot{\boldsymbol{x}}(t)=\sum_{i=1}^{2}h_i(\boldsymbol{z})\left[\boldsymbol{A}_i\boldsymbol{x}(t)+\boldsymbol{B}_i\boldsymbol{u}(t)+\boldsymbol{D}_id(t)+\boldsymbol{F}_i\boldsymbol{f}(t)\right]\\ \boldsymbol{y}(t)=\sum_{i=1}^{2}h_i(\boldsymbol{z})\boldsymbol{C}_i\boldsymbol{x}(t)\end{cases}\tag{3-59}$$

系统(3 - 59)的各个矩阵如下:

$$\boldsymbol{A}_1=\begin{bmatrix}-1&-2&0\\2&-1&0\\1&0&-3\end{bmatrix},\quad \boldsymbol{A}_2=\begin{bmatrix}-2&1&0\\0&-0.5&-1\\1&0&-1\end{bmatrix}$$

$$\boldsymbol{B}_1=\begin{bmatrix}1\\0\\0\end{bmatrix},\quad \boldsymbol{B}_2=\begin{bmatrix}0\\1\\0\end{bmatrix}$$

$$\boldsymbol{D}_1=\begin{bmatrix}0\\0\\1\end{bmatrix},\quad \boldsymbol{D}_2=\begin{bmatrix}1\\0\\1\end{bmatrix}$$

$$\boldsymbol{C}_1=\begin{bmatrix}1&0&0\\-1&1&0\\0&0&1\end{bmatrix},\quad \boldsymbol{C}_2=\begin{bmatrix}1&0&0\\1&0&1\\0&1&0\end{bmatrix}$$

$$\boldsymbol{F}_1=\begin{bmatrix}1\\0\\0\end{bmatrix},\quad \boldsymbol{F}_2=\begin{bmatrix}0\\1\\0\end{bmatrix}$$

隶属度函数 $h_1=1-y_1^2(t)$,$h_2=y_1^2(t)$。干扰 d 设为 $d=0.05\sin(5t)$。取非奇异变换

$$\boldsymbol{T}_1=[\boldsymbol{N}_1\ \vdots\ \boldsymbol{D}_1\ \vdots\ \boldsymbol{F}_1]=\begin{bmatrix}0&0&1\\1&0&0\\0&1&0\end{bmatrix},\quad \boldsymbol{U}_1=[\boldsymbol{C}_1\boldsymbol{D}_1\ \vdots\ \boldsymbol{C}_1\boldsymbol{F}_1\ \vdots\ \boldsymbol{Q}_1]=\begin{bmatrix}0&1&0\\0&-1&1\\1&0&0\end{bmatrix}$$

$$\boldsymbol{T}_2=[\boldsymbol{N}_2\ \vdots\ \boldsymbol{D}_2\ \vdots\ \boldsymbol{F}_2]=\begin{bmatrix}0&1&0\\0&0&1\\1&1&0\end{bmatrix},\quad \boldsymbol{U}_2=[\boldsymbol{C}_2\boldsymbol{D}_2\ \vdots\ \boldsymbol{C}_2\boldsymbol{F}_2\ \vdots\ \boldsymbol{Q}_2]=\begin{bmatrix}1&0&0\\2&0&1\\0&1&0\end{bmatrix}$$

由定理 3-4 设计 H_∞ 输出反馈控制器 $\boldsymbol{u}$，求解 LMI(3-46)得到控制输入 $\boldsymbol{u}$ 的增益矩阵 $\boldsymbol{K}_1=[-2.781\,3\quad -0.042\,2\quad -1.918\,0]$，$\boldsymbol{K}_2=[-3.296\,9\quad 0.467\,8\quad -1.708\,9]$。通过求解定理 3-5 中的 LMI(3-55)，可以得到降维观测器增益 $L_1=2$，$L_2=1$。

根据 3.4.4 节以及设计的降维观测器式(3-51)可得故障估计的示意图，如图 3-8 所示。

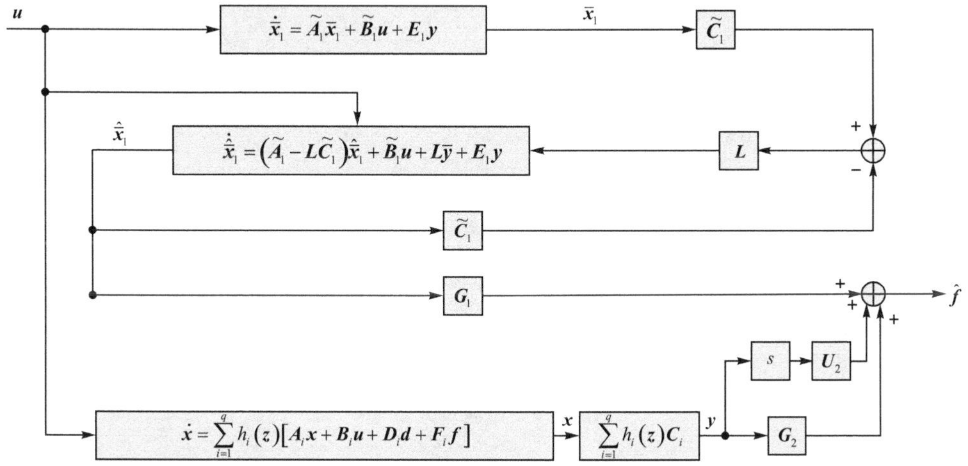

图 3-8　故障估计示意图

非线性动态系统(3-59)的初始状态设为 $\boldsymbol{x}(0)=[0.2\quad -0.3\quad 0.5]^{\mathrm{T}}$，通过计算可得，系统(3-44)的初始状态为 $\bar{x}_1(0)=-0.276\,0$，观测器(3-51)的初始状态设为 $\hat{\bar{x}}_1(0)=0$，观测误差 $\boldsymbol{e}_1=\bar{\boldsymbol{x}}_1-\hat{\bar{\boldsymbol{x}}}_1$。由定理 3-6 中的式(3-58)即可得到故障 $\boldsymbol{f}$ 的估计。

假设系统(3-59)中的执行器发生如下故障：

$$f(t)=\begin{cases}0.1t, & 0\leqslant t<5\\ 0.5-0.1(t-5), & 5\leqslant t<10\end{cases}$$

为实现故障估计任务而引入的控制输入信号如图 3-9 所示。系统(3-44)的观测误差仿真结果如图 3-10 所示，仿真结果验证了观测误差动态系统(3-54)是渐近稳定的。

基于本章设计的降维观测器方法得到的故障估计如图 3－11 所示(图中实线为故障真实值 f，虚线为估计值 $\hat{f}$)，可以看出，本章设计的降维观测器可以实现 T－S 模糊非线性系统中执行器故障的渐近估计。

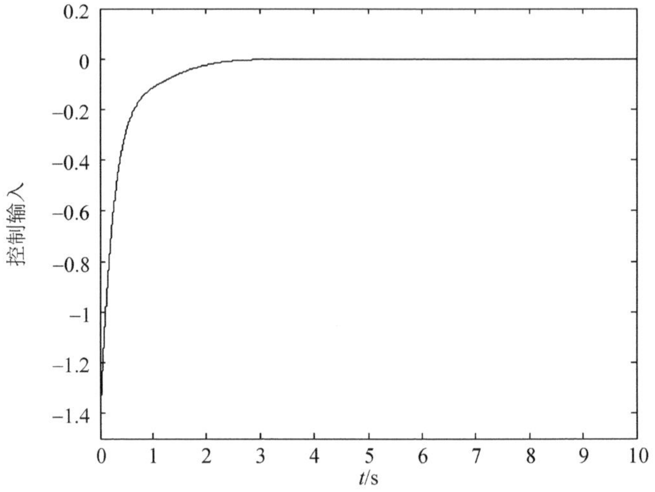

图 3－9　控制输入信号

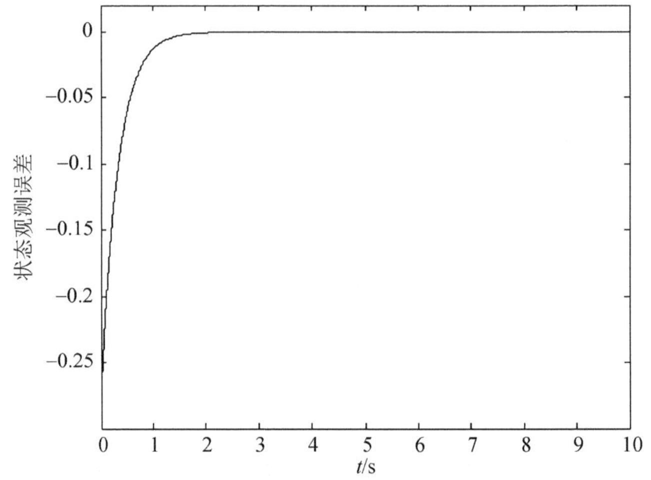

图 3－10　观测误差仿真结果

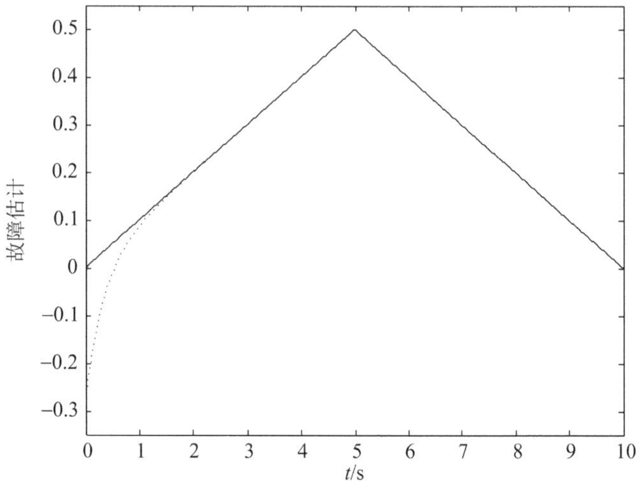

图 3-11　故障真实值与估计值

3.5　本章小结

针对以往基于观测器的故障估计研究中，故障或故障导数以及干扰的上界信息不足的问题，本章设计了一种降维观测器来实现非线性动态系统的故障估计。首先，针对一类受扰 Lipschitz 非线性动态系统的故障估计问题，通过坐标变换将原系统转化为合适的形式。然后，设计 H_∞ 输出反馈控制器为故障估计提供控制信号，利用 LMI 设计降维观测器，并采用 Lyapunov 泛函证明了观测误差动态系统的稳定性，最终实现了对受扰 Lipschitz 非线性动态系统中故障的渐近估计。接下来，利用 T-S 模糊模型对非线性故障系统建模，并在第一部分研究的基础上，通过设计降维观测器实现了对故障的渐近估计。最后，通过仿真分析验证了本章所提方法是有效的。

与已有方法相比，本章所提方法不需要对故障或故障导数以及干扰作各种先验假设，易于在工程上实现对非线性动态系统中故障的估计。本章与第 2 章研究的均是单一的执行器故障（元器件故障）估计问题。然而，系统中的传感器也容易发生故障。如何同时估计非线性动态系统中的执行器故障（元器件故障）与传感器故障，这是第 4 章将要研究的内容。

第4章 基于奇异自适应观测器的非线性动态系统的故障估计

4.1 引言

由于反馈控制系统的自动化程度越来越高，工业生产过程已经变得越来越复杂，此类系统一旦发生故障，如果不能尽快检测并处理，可能会带来难以接受的严重后果。正是由于现代工业系统对安全性与可靠性的迫切需求，动态系统的FDD技术亟待开发[4]。由于动态系统的故障估计技术能直接展示故障的变化过程，可以获得更深层次的故障信息，还可以为进一步的决策提供依据，因此已经得到了研究人员的密切关注[19-49]。

目前，基于观测器方法的故障估计研究已经取得了不少成果。文献[19]～[28]采用滑模观测器来估计故障，可是该方法需要假设故障或干扰的上界是已知的。文献[29]～[37]采用自适应观测器来估计故障，该方法需要知道故障、故障导数或故障频率的上界，不过在实际中该上界的获取是有难度的。此外，文献[25]～[27]及文献[29]～[37]研究的是单一的执行器故障估计问题，并没有考虑系统中的传感器发生故障的问题。传感器是现代控制系统的重要组成部分，可以为动态系统的自动控制与监测提供重要信息。为了完成这些任务，传感器的可靠性就变得异常重要。然而，长时间的连续作业会导致传感器发生故障，而传感器的任何故障都会影响系统的整体性能。因为传感器故障的影响很容易通过反馈控制回路传播到操纵变量，从而影响到其他过程变量。为此必须尽可能早地检测出传感器故障，并让传感器故障对系统造成的损害最小。文献[46]采用奇异观测器实现了对Lipschitz非线性动态系统与T-S模糊非线性系统中传感器故障的估计，然而并没有考虑执行器可能同时发生故障。文献[28]通过奇异滑模观测器来实现非线性动态系统中执行器故障与传感器故障的同时估计，可是需要知道故障的上界，也没有考虑外部扰动的影响。文献[40]通过奇异值分解方法设计观测器来同时估计系统中的执行器故障与传感器故障。但是,该方法也没有考虑外部干扰的影响。而实际系统不可避免地受到外部干扰的影响,如果不能有效处理系统中的外部干扰,可能会造成对故障的误报。此外,文献[40]所提方法还要求测量输出的维数大于执行器故障与传感器故障的维数之和,这进一步限制了它的应用范围。

大多数现代控制系统的设计是以数字方式实现的。实际上,一些系统在本质上就是离散时间系统,而不是通过连续时间系统的离散化得到的。对于离散时间动态系统,采用 Lyapunov 泛函证明稳定性时将会使用差分形式,这使得离散时间动态系统的研究更加复杂。因此无论是在理论研究上,还是实际应用价值上,离散时间动态系统的故障估计问题都非常值得研究。目前,针对离散时间动态系统的故障估计结果还不是很多。文献[49]研究了离散时间动态系统的故障估计问题,可是要求所研究的系统必须是线性动态系统。文献[38]通过设计自适应观测器来研究离散非线性动态系统的执行器故障估计问题,然而并没有考虑传感器故障的同时估计问题。

针对前面的分析,本章提出一种奇异自适应观测器,能够实现非线性连续动态系统中执行器故障(元器件故障)与传感器故障的同时估计。并且在非线性连续动态系统研究的基础上,研究非线性离散动态系统的执行器故障(元器件故障)与传感器故障同时估计问题。与已有方法相比,本章所提方法不需要故障或故障导数以及干扰的上界是已知的,从而易于在工程上实现。

4.2　理论基础

4.2.1　奇异系统

奇异系统又称广义系统、描述系统、半状态系统和微分代数系统等,描述了一类更加广泛的实际系统模型。经过多年的研究和发展,广义系统已经应用到了诸多领域,比如航空航天、经济系统、电子网络、电力系统和化工工程等。这一节主要介绍奇异系统的状态空间描述[59]。

对于连续时间非线性时不变广义系统,其状态空间描述可表示如下:

$$\begin{cases}E\dot{\boldsymbol{x}}(t)=\boldsymbol{A}\boldsymbol{x}(t)+\boldsymbol{g}(t,\boldsymbol{x}(t))+\boldsymbol{B}\boldsymbol{u}(t)\\ \boldsymbol{y}(t)=\boldsymbol{C}\boldsymbol{x}(t)\end{cases}\tag{4-1}$$

其中,$\boldsymbol{E}\in\mathbb{R}^{n\times n}$,$\boldsymbol{A}\in\mathbb{R}^{n\times n}$,$\boldsymbol{B}\in\mathbb{R}^{n\times m}$,$\boldsymbol{C}\in\mathbb{R}^{p\times n}$,皆为定常矩阵;$\boldsymbol{E}$ 为奇异矩阵,即 $\boldsymbol{E}$ 的秩满足 $\mathrm{rank}(\boldsymbol{E})<n$。

4.2.2　离散动态系统

离散时间系统与连续时间系统的区别是,在连续系统中,系统各处的信号都是时间 t 的连续函数,而在离散系统中,系统至少有一处或多处的信号是离散的,可以是脉冲序列或数字序列[55]。

线性离散动态系统的状态空间方程如下：

$$\begin{cases}\boldsymbol{x}(k+1)=\boldsymbol{G}\boldsymbol{x}(k)+\boldsymbol{H}\boldsymbol{u}(k)\\ \boldsymbol{y}(k)=\boldsymbol{C}\boldsymbol{x}(k)\end{cases} \tag{4-2}$$

式中，$\boldsymbol{G}$ 为系统矩阵，$\boldsymbol{H}$ 为控制矩阵，$\boldsymbol{C}$ 为输出矩阵，并有

$$\boldsymbol{G}=\begin{bmatrix}0 & 1 & 0 & \cdots & 0\\ 0 & 0 & 1 & \cdots & 0\\ \vdots & \vdots & \vdots & \ddots & \vdots\\ 0 & 0 & 0 & \cdots & 1\\ -a_n & -a_{n-1} & a_{n-2} & \cdots & a_1\end{bmatrix},\quad \boldsymbol{H}=\begin{bmatrix}0\\ \vdots\\ 0\\ 1\end{bmatrix},\quad \boldsymbol{C}=\begin{bmatrix}1 & 0 & \cdots & 0\end{bmatrix}$$

当输出向量受控制输入影响时，相应的状态空间方程如下：

$$\begin{cases}\boldsymbol{x}(k+1)=\boldsymbol{G}\boldsymbol{x}(k)+\boldsymbol{H}\boldsymbol{u}(k)\\ \boldsymbol{y}(k)=\boldsymbol{C}\boldsymbol{x}(k)+\boldsymbol{D}\boldsymbol{u}(k)\end{cases} \tag{4-3}$$

从式(4-3)可看出离散系统的状态方程描述了$(k+1)$采样时刻的状态与 k 采样时刻的状态及输入量之间的关系。

对于多变量输出离散系统，状态空间描述为

$$\begin{cases}\boldsymbol{x}(k+1)=\boldsymbol{G}\boldsymbol{x}(k)+\boldsymbol{H}\boldsymbol{u}(k)\\ \boldsymbol{y}(k)=\boldsymbol{C}\boldsymbol{x}(k)+\boldsymbol{D}\boldsymbol{u}(k)\end{cases} \tag{4-4}$$

式中，$\boldsymbol{G}$，$\boldsymbol{H}$，$\boldsymbol{C}$，$\boldsymbol{D}$ 为相应维数的矩阵。

4.2.3 自适应控制

实际中，被控对象往往具有所谓的“不确定性”，即被控对象的数学模型不是完全已知的，特别是在工业过程中，有时被控对象的特性随工况的变化而变化。

针对具有不确定性的被控对象，如何设计一个控制器，使其能够根据被控对象的不确定性，自动调整控制器的参数，使被控对象的输出跟踪参考输入，使得被控对象输出和参考输入之间的跟踪误差符合要求，就是自适应控制的任务。

1. 自适应控制的定义[60]

自适应控制是在常规反馈控制器的基础上，将生物的自适应特性赋予控制器的设计，使控制器的离线设计变为不断在线设计以适应被控对象的不确定性。由于控制器设计方法的不同，以及自适应律的设计方法不同，因此可以形成多种自适应控制方法。

目前，关于自适应控制有许多不同的定义，不同的学者根据各自的观点，提出了自己有关自适应控制的定义。

1962 年，Gibson 提出了比较具体的自适应控制的定义：自适应控制系统必须具有三种功能：① 提供被控对象的当前状态的连续信息，也就是要辨识对象；② 它必须将当前的系统性能与期望的或者最优的性能相比较，并作出使系统趋向期望或最

优性能的决策；③ 它必须对控制器进行适当的修正以驱使系统走向最优状态。

1974 年，法国 Landau 给出了自适应控制的定义：一个自适应系统，利用其中可调系统的各种输入、状态和输出来度量某个性能指标，将所获得的性能指标与期望的性能指标相比较，然后由自适应机构来修正可调系统的参数或者产生一个辅助的输入信号，以保持系统的性能指标接近期望的性能指标。

上述两种定义是分别针对两类主要的自适应控制设计方法(自校正控制和模型参考自适应控制)给出的。综合这两种设计方法的思想，可以给出自适应控制的统一定义：自适应控制由自适应律和可调参数反馈控制器组成，自适应律采用测量的被控对象的输入、状态、输出和跟踪(调节)误差等信息，在线调整反馈控制器的参数，适应被控对象的不确定性，以便在某种意义下使控制性能达到最优或次最优，或达到控制器设计的预期目标。

2. 自适应控制的主要类型

由于自适应控制的自适应律和可调参数控制器可以采用不同控制方法来设计，因此形成了许多形式完全不同的自适应控制方案。自适应律的设计方法主要有两种：一种是基于参数估计方法；另一种是基于稳定性理论。基于参数估计方法的自适应控制的典型代表是自校正控制，基于稳定性理论的自适应控制的典型代表是模型参考自适应控制。

(1) 自校正控制器

自校正控制器的结构如图 4－1 所示，其中 $\boldsymbol{v}(t)$ 和 $\boldsymbol{\xi}(t)$ 分别表示被控对象受到的可测干扰和随机干扰，外环自适应律由模型参数辨识和控制器参数设计组成，内环为参数可调的控制器。

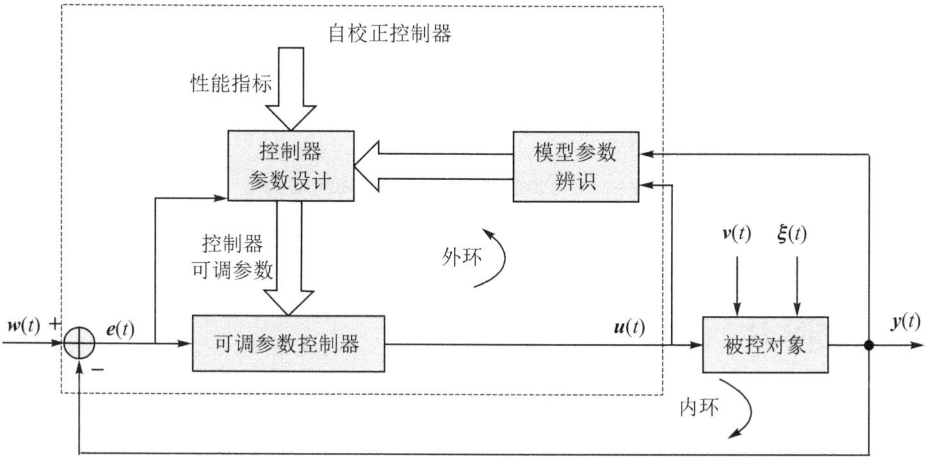

图 4－1　自校正控制器的结构

自校正控制器的原理是采用带有未知参数的数学模型来描述被控对象，以此模型作为控制器设计模型，采用不同的控制策略设计出参数可调的控制器。模型参数辨识采用被控对象的输入、输出信号进行。控制器参数设计根据辨识得来的模型参数和期望的控制性能指标，对控制器参数进行在线设计，获得控制器可调参数，赋予可调参数控制器，从而产生合适的控制输入作用于被控对象，使被控对象的输出尽可能跟踪参考输入。

(2) 模型参考自适应控制器

模型参考自适应控制器的结构如图 4-2 所示，模型参考自适应控制器的外环自适应律由自适应机构组成，其内环为参数可调的控制器和参考模型组成的跟踪控制器。

模型参考自适应控制器的原理是将参考模型的输入信号加到控制器的同时也加到参考模型的输入端，参考模型的输出代表了期望的控制性能指标，即理想的输出曲线。自适应机构采用广义误差信号(参考模型的输出或状态和被控对象的输出或状态之差)修改可调参数控制器中的参数，或产生一个辅助信号，使被控对象的输出尽可能跟踪参考模型的输出，使广义误差趋于零。

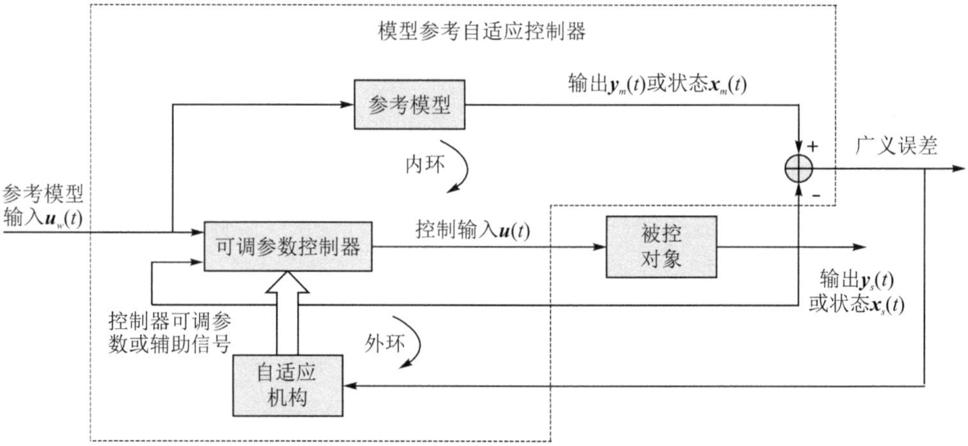

图 4-2　模型参考自适应控制器的结构

4.3　基于奇异自适应观测器的非线性连续动态系统的故障估计

4.3.1　系统与问题描述

研究如下非线性连续动态系统：

$$\begin{cases}\dot{\boldsymbol{x}}(t)=\boldsymbol{A}\boldsymbol{x}(t)+\boldsymbol{g}(t,\boldsymbol{x}(t))+\boldsymbol{B}\boldsymbol{u}(t)+\boldsymbol{F}_{\mathrm{ac}}\boldsymbol{f}_{\mathrm{ac}}(t)+\boldsymbol{D}_{\xi}\boldsymbol{\xi}(t)\\ \boldsymbol{y}(t)=\boldsymbol{C}\boldsymbol{x}(t)+\boldsymbol{F}_{\mathrm{s}}\boldsymbol{f}_{\mathrm{s}}(t)\end{cases} \tag{4-5}$$

式中，$\boldsymbol{x}\in\mathbb{R}^{n}$，$\boldsymbol{y}\in\mathbb{R}^{p}$，$\boldsymbol{u}\in\mathbb{R}^{m}$ 分别为系统的状态、测量输出与控制输入，$\boldsymbol{\xi}\in\mathbb{R}^{l}$ 表示外部干扰，$\boldsymbol{f}_{\mathrm{ac}}\in\mathbb{R}^{q}$，$\boldsymbol{f}_{\mathrm{s}}\in\mathbb{R}^{r}$ 分别为系统的执行器故障(元器件故障)与传感器故障。$\boldsymbol{g}$ 为动态系统(4－5)中的非线性向量，且满足 Lipschitz 条件，即满足不等式 $\|\boldsymbol{g}(t,\boldsymbol{x}(t))-\boldsymbol{g}(t,\hat{\boldsymbol{x}}(t))\|\leqslant\|\boldsymbol{L}_{g}(\boldsymbol{x}(t)-\hat{\boldsymbol{x}}(t))\|$，其中，$\boldsymbol{L}_{g}\in\mathbb{R}^{n\times n}$ 为 Lipschitz 常值矩阵。$\boldsymbol{A},\boldsymbol{B},\boldsymbol{C},\boldsymbol{D}_{\xi},\boldsymbol{F}_{\mathrm{ac}},\boldsymbol{F}_{\mathrm{s}}$ 是已知的适当维数常值矩阵，且矩阵 $\boldsymbol{F}_{\mathrm{s}}$ 为列满秩矩阵。

为了估计出传感器故障 $\boldsymbol{f}_{\mathrm{s}}$，下面将系统(4－5)改写成奇异系统形式。令

$$\boldsymbol{E}=[\boldsymbol{I}_{n}\quad \boldsymbol{0}],\quad \boldsymbol{M}=[\boldsymbol{A}\quad \boldsymbol{0}],\quad \boldsymbol{H}=[\boldsymbol{C}\quad \boldsymbol{F}_{\mathrm{s}}]$$

由于 $[\boldsymbol{E}^{\mathrm{T}}\quad \boldsymbol{H}^{\mathrm{T}}]^{\mathrm{T}}$ 是列满秩矩阵，因此逆矩阵 $([\boldsymbol{E}^{\mathrm{T}}\quad \boldsymbol{H}^{\mathrm{T}}][\boldsymbol{E}^{\mathrm{T}}\quad \boldsymbol{H}^{\mathrm{T}}]^{\mathrm{T}})^{-1}$ 存在。令 $[\boldsymbol{S}\quad \boldsymbol{T}]=([\boldsymbol{E}^{\mathrm{T}}\quad \boldsymbol{H}^{\mathrm{T}}][\boldsymbol{E}^{\mathrm{T}}\quad \boldsymbol{H}^{\mathrm{T}}]^{\mathrm{T}})^{-1}[\boldsymbol{E}^{\mathrm{T}}\quad \boldsymbol{H}^{\mathrm{T}}]$，从而有

$$\boldsymbol{S}\boldsymbol{E}+\boldsymbol{T}\boldsymbol{H}=\boldsymbol{I}_{n+r} \tag{4-6}$$

定义 $\boldsymbol{\zeta}=[\boldsymbol{x}^{\mathrm{T}}\quad \boldsymbol{f}_{\mathrm{s}}^{\mathrm{T}}]^{\mathrm{T}}$，为了简洁，后文省略所有变量中的时间变量 t，从而系统(4－5)可以写为

$$\begin{cases}\boldsymbol{E}\dot{\boldsymbol{\zeta}}=\boldsymbol{M}\boldsymbol{\zeta}+\boldsymbol{g}(t,\boldsymbol{E}\boldsymbol{\zeta})+\boldsymbol{B}\boldsymbol{u}+\boldsymbol{F}_{\mathrm{ac}}\boldsymbol{f}_{\mathrm{ac}}+\boldsymbol{D}_{\xi}\boldsymbol{\xi}\\ \boldsymbol{y}=\boldsymbol{H}\boldsymbol{\zeta}\end{cases} \tag{4-7}$$

后面将针对系统(4－7)设计奇异自适应观测器，然后通过设计的观测器得到执行器故障(元器件故障)$\boldsymbol{f}_{\mathrm{ac}}$ 与传感器故障 $\boldsymbol{f}_{\mathrm{s}}$ 的同时鲁棒渐近估计。

4.3.2　奇异自适应观测器设计

1. 观测器的构建

针对系统(4－7)，设计奇异自适应观测器

$$\begin{cases}\dot{\boldsymbol{z}}=\boldsymbol{N}\boldsymbol{z}+\boldsymbol{L}\boldsymbol{y}+\boldsymbol{S}\boldsymbol{g}(t,\boldsymbol{E}\hat{\boldsymbol{\zeta}})+\boldsymbol{S}\boldsymbol{B}\boldsymbol{u}+\boldsymbol{S}\boldsymbol{F}_{\mathrm{ac}}\hat{\boldsymbol{f}}_{\mathrm{ac}}\\ \hat{\boldsymbol{\zeta}}=\boldsymbol{z}+\boldsymbol{T}\boldsymbol{y}\\ \hat{\boldsymbol{y}}=\boldsymbol{H}\hat{\boldsymbol{\zeta}}\\ \dot{\hat{\boldsymbol{f}}}_{\mathrm{ac}}=-\boldsymbol{G}\boldsymbol{e}_{y}\end{cases} \tag{4-8}$$

式中，$\boldsymbol{e}_{y}=\hat{\boldsymbol{y}}-y$，$\hat{\boldsymbol{\zeta}}$ 与 $\hat{\boldsymbol{f}}_{\mathrm{ac}}$ 分别为系统(4－7)的状态 $\boldsymbol{\zeta}$ 与执行器故障(元器件故障)$\boldsymbol{f}_{\mathrm{ac}}$ 的估计。

令 $\boldsymbol{\varepsilon}=\hat{\boldsymbol{\zeta}}-\boldsymbol{\zeta}$，从而由式(4－6)～式(4－8)可知

$$\boldsymbol{\varepsilon}=\hat{\boldsymbol{\zeta}}-\boldsymbol{\zeta}=\boldsymbol{z}+\boldsymbol{T}\boldsymbol{y}-\boldsymbol{\zeta}=\boldsymbol{z}+(\boldsymbol{T}\boldsymbol{H}-\boldsymbol{I}_{n+r})\boldsymbol{\zeta}=\boldsymbol{z}-\boldsymbol{S}\boldsymbol{E}\boldsymbol{\zeta}$$

记 $\boldsymbol{e}_{f_{\mathrm{ac}}}=\hat{\boldsymbol{f}}_{\mathrm{ac}}-\boldsymbol{f}_{\mathrm{ac}}$，通过计算可知

$$\dot{e}_{f_{ac}} = \dot{\hat{f}}_{ac} - \dot{f}_{ac} = -Ge_y - \dot{f}_{ac} = -GH\varepsilon - \dot{f}_{ac} \tag{4-9}$$

此外,有

$$\begin{aligned}
\dot{\varepsilon}(t) &= \dot{z} - SE\dot{\zeta} \\
&= Nz + Ly + Sg(t, E\hat{\zeta}) + SBu + SF_{ac}\hat{f}_{ac} - SE\dot{\zeta} \\
&= Nz + Ly + Sg(t, E\hat{\zeta}) + SBu + SF_{ac}\hat{f}_{ac} - S[M\zeta + g(t, E\zeta) + Bu + F_{ac}f_{ac} + D_\xi\xi] \\
&= Nz + Ly + [Sg(t, E\hat{\zeta}) - Sg(t, E\zeta)] + SF_{ac}(\hat{f}_{ac} - f_{ac}) - SM\zeta - SD_\xi\xi \\
&= N[(\hat{\zeta} - \zeta) + \zeta - Ty] + Ly + [Sg(t, E\hat{\zeta}) - Sg(t, E\zeta)] + SF_{ac}e_{f_{ac}} - SM\zeta - SD_\xi\xi \\
&= N\varepsilon + (N - SM)\zeta + (L - NT)y + S[g(t, E\hat{\zeta}) - g(t, E\zeta)] + SF_{ac}e_{f_{ac}} - SD_\xi\xi \\
&= N\varepsilon + (N - SM)\zeta + (L - NT)H\zeta + S[g(t, E\hat{\zeta}) - g(t, E\zeta)] + SF_{ac}e_{f_{ac}} - SD_\xi\xi
\end{aligned}$$

令

$$F = L - NT, \quad N = SM - FH \tag{4-10}$$

从而,有

$$\begin{aligned}
\dot{\varepsilon} &= N\varepsilon + (N - SM)\zeta + (L - NT)H\zeta + \\
&\quad S[g(t, E\hat{\zeta}) - g(t, E\zeta)] + SF_{ac}e_{f_{ac}} - SD_\xi\xi \\
&= N\varepsilon + (N - SM + FH)\zeta + S[g(t, E\hat{\zeta}) - g(t, E\zeta)] + SF_{ac}e_{f_{ac}} - SD_\xi\xi \\
&= (SM - FH)\varepsilon + S[g(t, E\hat{\zeta}) - g(t, E\zeta)] + SF_{ac}e_{f_{ac}} - SD_\xi\xi
\end{aligned} \tag{4-11}$$

定义 $\bar{\varepsilon} = \begin{bmatrix} \varepsilon \\ e_{f_{ac}} \end{bmatrix}$,并记 $d = [\xi^{\mathrm{T}} \quad \dot{f}_{ac}^{\mathrm{T}}]^{\mathrm{T}}$,从而由式(4-9)与式(4-11)可知

$$\dot{\bar{\varepsilon}} = \bar{A}\bar{\varepsilon} + \bar{g} + \bar{D}d \tag{4-12}$$

式中

$$\bar{A} = \begin{bmatrix} SM - FH & SF_{ac} \\ -GH & 0 \end{bmatrix}, \quad \bar{D} = \begin{bmatrix} -SD_\xi & 0 \\ 0 & -I_q \end{bmatrix}, \quad \bar{g} = \begin{bmatrix} S[g(t, E\hat{\zeta}) - g(t, E\zeta)] \\ 0 \end{bmatrix}$$

记

$$\bar{A}_1 = \begin{bmatrix} SM & SF_{ac} \\ 0 & 0 \end{bmatrix}, \quad \bar{A}_2 = [H \quad 0], \quad Q = [F^{\mathrm{T}} \quad G^{\mathrm{T}}]^{\mathrm{T}}$$

则有,$\bar{A} = \bar{A}_1 - Q\bar{A}_2$。

为了抑制干扰 d 对故障估计的影响,设计 H_∞ 性能指标 $\gamma > 0$ 使得

$$\| \bar{\varepsilon} \| \leqslant \gamma \| d \| \tag{4-13}$$

由于 $\|\bar{\boldsymbol{\varepsilon}}\| \geqslant \|\hat{\boldsymbol{f}}_{ac}-\boldsymbol{f}_{ac}\|$，且 $\|\bar{\boldsymbol{\varepsilon}}\| \geqslant \|\hat{\boldsymbol{f}}_{s}-\boldsymbol{f}_{s}\|$，因此当式(4-13)成立时，即可实现对执行器故障(元器件故障)与传感器故障的同时鲁棒估计。下面证明误差动态系统(4-12)是鲁棒渐近稳定的。

注 4-1 由式(4-13)可知，较小的 γ 值表示干扰对故障估计的影响较小，下面通过求解 LMI 优化问题得到 γ 的最小值。

2. 稳定性证明

定理 4-1 考虑非线性连续动态系统(4-5)，若存在正定矩阵 $\boldsymbol{P}$ 与矩阵 $\boldsymbol{Y}$ 使得以下 LMI 优化问题

$$\min\gamma,\gamma>0$$

$$\text{s.t.}\ \bar{\boldsymbol{\Gamma}}=\begin{bmatrix}\bar{\boldsymbol{\Gamma}}_{11} & \boldsymbol{P} & \boldsymbol{P}\bar{\boldsymbol{D}} & \boldsymbol{I}_{n+r+q}\\ * & -\boldsymbol{I}_{n+r+q} & \boldsymbol{0} & \boldsymbol{0}\\ * & * & -\gamma\boldsymbol{I}_{l+2h+q} & \boldsymbol{0}\\ * & * & * & -\gamma\boldsymbol{I}_{n+r+q}\end{bmatrix}<\boldsymbol{0} \tag{4-14}$$

有解，那么误差动态系统(4-12)是鲁棒渐近稳定的。其中，$*$ 表示对称矩阵的对称项，且 $\bar{\boldsymbol{\Gamma}}_{11}=\boldsymbol{P}\bar{\boldsymbol{A}}_1-\boldsymbol{Y}\bar{\boldsymbol{A}}_2+\bar{\boldsymbol{A}}_1^{\mathrm{T}}\boldsymbol{P}-\bar{\boldsymbol{A}}_2^{\mathrm{T}}\boldsymbol{Y}^{\mathrm{T}}+\boldsymbol{A}_{\bar{g}}$， $\boldsymbol{A}_{\bar{g}}=\begin{bmatrix}\|\boldsymbol{S}\|(\boldsymbol{L}_g\boldsymbol{E})^{\mathrm{T}}\boldsymbol{L}_g\boldsymbol{E} & \boldsymbol{0}\\ \boldsymbol{0} & \boldsymbol{0}\end{bmatrix}$。

证明 定义 Lyapunov 泛函 $V=\bar{\boldsymbol{\varepsilon}}^{\mathrm{T}}\boldsymbol{P}\gamma\bar{\boldsymbol{\varepsilon}}$，对 V 沿着系统(4-12)求导可得

$$\begin{aligned}\dot{V}&=\bar{\boldsymbol{\varepsilon}}^{\mathrm{T}}\boldsymbol{P}\gamma\dot{\bar{\boldsymbol{\varepsilon}}}+\dot{\bar{\boldsymbol{\varepsilon}}}^{\mathrm{T}}\boldsymbol{P}\gamma\bar{\boldsymbol{\varepsilon}}\\ &=\bar{\boldsymbol{\varepsilon}}^{\mathrm{T}}\boldsymbol{P}\gamma(\bar{\boldsymbol{A}}\bar{\boldsymbol{\varepsilon}}+\bar{\boldsymbol{g}}+\bar{\boldsymbol{D}}\boldsymbol{d})+(\bar{\boldsymbol{A}}\bar{\boldsymbol{\varepsilon}}+\bar{\boldsymbol{g}}+\bar{\boldsymbol{D}}\boldsymbol{d})^{\mathrm{T}}\boldsymbol{P}\gamma\bar{\boldsymbol{\varepsilon}}\\ &=\bar{\boldsymbol{\varepsilon}}^{\mathrm{T}}(\boldsymbol{P}\gamma\bar{\boldsymbol{A}}+\bar{\boldsymbol{A}}^{\mathrm{T}}\boldsymbol{P}\gamma)\bar{\boldsymbol{\varepsilon}}+\bar{\boldsymbol{\varepsilon}}^{\mathrm{T}}\boldsymbol{P}\gamma\bar{\boldsymbol{g}}+\bar{\boldsymbol{g}}^{\mathrm{T}}\boldsymbol{P}\gamma\bar{\boldsymbol{\varepsilon}}+\bar{\boldsymbol{\varepsilon}}^{\mathrm{T}}\boldsymbol{P}\gamma\bar{\boldsymbol{D}}\boldsymbol{d}+d^{\mathrm{T}}\bar{\boldsymbol{D}}^{\mathrm{T}}\boldsymbol{P}\gamma\bar{\boldsymbol{\varepsilon}}\end{aligned} \tag{4-15}$$

此外，通过计算可知

$$\begin{aligned}\bar{\boldsymbol{g}}^{\mathrm{T}}\boldsymbol{I}_{n+r+q}\bar{\boldsymbol{g}}&=\left[[\boldsymbol{g}(t,\boldsymbol{E}\hat{\boldsymbol{\zeta}})-\boldsymbol{g}(t,\boldsymbol{E}\boldsymbol{\zeta})]^{\mathrm{T}}\boldsymbol{S}^{\mathrm{T}}\quad \boldsymbol{0}\right]\begin{bmatrix}\boldsymbol{S}[\boldsymbol{g}(t,\boldsymbol{E}\hat{\boldsymbol{\zeta}})-\boldsymbol{g}(t,\boldsymbol{E}\boldsymbol{\zeta})]\\ \boldsymbol{0}\end{bmatrix}\\ &=\|\boldsymbol{S}[\boldsymbol{g}(t,\boldsymbol{E}\hat{\boldsymbol{\zeta}})-\boldsymbol{g}(t,\boldsymbol{E}\boldsymbol{\zeta})]\|\\ &\leqslant\|\boldsymbol{S}\|\,\|\boldsymbol{g}(t,\boldsymbol{E}\hat{\boldsymbol{\zeta}})-\boldsymbol{g}(t,\boldsymbol{E}\boldsymbol{\zeta})\|\\ &=\|\boldsymbol{S}\|\,[\boldsymbol{g}(t,\boldsymbol{E}\hat{\boldsymbol{\zeta}})-\boldsymbol{g}(t,\boldsymbol{E}\boldsymbol{\zeta})]^{\mathrm{T}}[\boldsymbol{g}(t,\boldsymbol{E}\hat{\boldsymbol{\zeta}})-\boldsymbol{g}(t,\boldsymbol{E}\boldsymbol{\zeta})]\\ &\leqslant\|\boldsymbol{S}\|\,[\hat{\boldsymbol{\zeta}}-\boldsymbol{\zeta}]^{\mathrm{T}}\boldsymbol{E}^{\mathrm{T}}\boldsymbol{L}_g^{\mathrm{T}}\boldsymbol{L}_g\boldsymbol{E}[\hat{\boldsymbol{\zeta}}-\boldsymbol{\zeta}]\\ &=\|\boldsymbol{S}\|\,[\boldsymbol{L}_g\boldsymbol{E}[\boldsymbol{I}_{n+r}\quad \boldsymbol{0}]\bar{\boldsymbol{\varepsilon}}]^{\mathrm{T}}\boldsymbol{L}_g\boldsymbol{E}[\boldsymbol{I}_{n+r}\quad \boldsymbol{0}]\bar{\boldsymbol{\varepsilon}}\\ &=\|\boldsymbol{S}\|\,\bar{\boldsymbol{\varepsilon}}^{\mathrm{T}}[\boldsymbol{L}_g\boldsymbol{E}\quad \boldsymbol{0}]^{\mathrm{T}}[\boldsymbol{L}_g\boldsymbol{E}\quad \boldsymbol{0}]\bar{\boldsymbol{\varepsilon}}\\ &=\bar{\boldsymbol{\varepsilon}}^{\mathrm{T}}\begin{bmatrix}\|\boldsymbol{S}\|(\boldsymbol{L}_g\boldsymbol{E})^{\mathrm{T}}\boldsymbol{L}_g\boldsymbol{E} & \boldsymbol{0}\\ \boldsymbol{0} & \boldsymbol{0}\end{bmatrix}\bar{\boldsymbol{\varepsilon}}\\ &=\bar{\boldsymbol{\varepsilon}}^{\mathrm{T}}\boldsymbol{A}_{\bar{g}}\bar{\boldsymbol{\varepsilon}}\end{aligned}$$

所以，有

$$\bar{\boldsymbol{\varepsilon}}^{\mathrm{T}}\boldsymbol{A}_{\bar{g}}\bar{\boldsymbol{\varepsilon}}-\bar{\boldsymbol{g}}^{\mathrm{T}}\boldsymbol{I}_{n+r+q}\bar{\boldsymbol{g}}\geqslant 0 \tag{4-16}$$

令 $J=\int_0^\infty \dfrac{\bar{\boldsymbol{\varepsilon}}^{\mathrm{T}}\bar{\boldsymbol{\varepsilon}}-\gamma^2\boldsymbol{d}^{\mathrm{T}}\boldsymbol{d}}{\gamma}\mathrm{d}t$，从而

$$J<\int_0^\infty \frac{\bar{\boldsymbol{\varepsilon}}^{\mathrm{T}}\bar{\boldsymbol{\varepsilon}}-\gamma^2\boldsymbol{d}^{\mathrm{T}}\boldsymbol{d}+\dot{V}}{\gamma}\mathrm{d}t \tag{4-17}$$

记 $\tilde{J}=\dfrac{\bar{\boldsymbol{\varepsilon}}^{\mathrm{T}}\bar{\boldsymbol{\varepsilon}}-\gamma^2\boldsymbol{d}^{\mathrm{T}}\boldsymbol{d}+\dot{V}}{\gamma}$，由式(4－17)可知，使得 $J<0$ 的一个充分条件是

$$\tilde{J}=\frac{\bar{\boldsymbol{\varepsilon}}^{\mathrm{T}}\bar{\boldsymbol{\varepsilon}}-\gamma^2\boldsymbol{d}^{\mathrm{T}}\boldsymbol{d}+\dot{V}}{\gamma}<0$$

由式(4－15)及式(4－16)计算可知

$$\begin{aligned}\tilde{J}&=\frac{\bar{\boldsymbol{\varepsilon}}^{\mathrm{T}}\bar{\boldsymbol{\varepsilon}}-\gamma^2\boldsymbol{d}^{\mathrm{T}}\boldsymbol{d}+\dot{V}}{\gamma}\\&\leqslant\frac{1}{\gamma}[\bar{\boldsymbol{\varepsilon}}^{\mathrm{T}}\bar{\boldsymbol{\varepsilon}}-\gamma^2\boldsymbol{d}^{\mathrm{T}}\boldsymbol{d}+\bar{\boldsymbol{\varepsilon}}^{\mathrm{T}}(\boldsymbol{P}\gamma\bar{\boldsymbol{A}}+\bar{\boldsymbol{A}}^{\mathrm{T}}\boldsymbol{P}\gamma)\bar{\boldsymbol{\varepsilon}}+\\&\quad\bar{\boldsymbol{\varepsilon}}^{\mathrm{T}}\boldsymbol{P}\gamma\bar{\boldsymbol{g}}+\bar{\boldsymbol{g}}^{\mathrm{T}}\boldsymbol{P}\gamma\bar{\boldsymbol{\varepsilon}}+\bar{\boldsymbol{\varepsilon}}^{\mathrm{T}}\boldsymbol{P}\gamma\bar{\boldsymbol{D}}\boldsymbol{d}+\boldsymbol{d}^{\mathrm{T}}\bar{\boldsymbol{D}}^{\mathrm{T}}\boldsymbol{P}\gamma\bar{\boldsymbol{\varepsilon}}]+\bar{\boldsymbol{\varepsilon}}^{\mathrm{T}}\boldsymbol{A}_{\bar{g}}\bar{\boldsymbol{\varepsilon}}-\bar{\boldsymbol{g}}^{\mathrm{T}}\boldsymbol{I}_{n+r+q}\bar{\boldsymbol{g}}\\&\leqslant\bar{\boldsymbol{\varepsilon}}^{\mathrm{T}}\left(\boldsymbol{P}\bar{\boldsymbol{A}}+\bar{\boldsymbol{A}}^{\mathrm{T}}\boldsymbol{P}+\boldsymbol{A}_{\bar{g}}+\frac{1}{\gamma}\boldsymbol{I}_{n+r+q}\right)\bar{\boldsymbol{\varepsilon}}+\bar{\boldsymbol{\varepsilon}}^{\mathrm{T}}\boldsymbol{P}\bar{\boldsymbol{g}}+\bar{\boldsymbol{g}}^{\mathrm{T}}\boldsymbol{P}\bar{\boldsymbol{\varepsilon}}+\bar{\boldsymbol{\varepsilon}}^{\mathrm{T}}\boldsymbol{P}\bar{\boldsymbol{D}}\boldsymbol{d}+\\&\quad\boldsymbol{d}^{\mathrm{T}}\bar{\boldsymbol{D}}^{\mathrm{T}}\boldsymbol{P}\bar{\boldsymbol{\varepsilon}}-\gamma\boldsymbol{d}^{\mathrm{T}}\boldsymbol{d}-\bar{\boldsymbol{g}}^{\mathrm{T}}\boldsymbol{I}_{n+r+q}\bar{\boldsymbol{g}}\end{aligned}$$

定义 $\boldsymbol{X}=[\bar{\boldsymbol{\varepsilon}}^{\mathrm{T}}\quad\bar{\boldsymbol{g}}^{\mathrm{T}}\quad\boldsymbol{d}^{\mathrm{T}}]^{\mathrm{T}}$，可知，$\tilde{J}\leqslant\boldsymbol{X}^{\mathrm{T}}\boldsymbol{\Gamma}\boldsymbol{X}$。从而由 $\boldsymbol{\Gamma}<\boldsymbol{0}$ 可得到 $\tilde{J}<0$。其中，

$$\boldsymbol{\Gamma}=\begin{bmatrix}\boldsymbol{P}\bar{\boldsymbol{A}}+\bar{\boldsymbol{A}}^{\mathrm{T}}\boldsymbol{P}+\boldsymbol{A}_{\bar{g}}+\dfrac{1}{\gamma}\boldsymbol{I}_{n+r+q} & \boldsymbol{P} & \boldsymbol{P}\bar{\boldsymbol{D}}\\ * & -\boldsymbol{I}_{n+r+q} & \boldsymbol{0}\\ * & * & -\gamma\boldsymbol{I}_{l+2h+q}\end{bmatrix}$$

由 Schur 补定理可知，$\boldsymbol{\Gamma}<\boldsymbol{0}$ 等价于

$$\bar{\boldsymbol{\Gamma}}=\begin{bmatrix}\boldsymbol{P}\bar{\boldsymbol{A}}+\bar{\boldsymbol{A}}^{\mathrm{T}}\boldsymbol{P}+\boldsymbol{A}_{\bar{g}} & \boldsymbol{P} & \boldsymbol{P}\bar{\boldsymbol{D}} & \boldsymbol{I}_{n+r+q}\\ * & -\boldsymbol{I}_{n+r+q} & \boldsymbol{0} & \boldsymbol{0}\\ * & * & -\gamma\boldsymbol{I}_{l+2h+q} & \boldsymbol{0}\\ * & * & * & -\gamma\boldsymbol{I}_{n+r+q}\end{bmatrix}<\boldsymbol{0}$$

令 $\boldsymbol{Y}=\boldsymbol{P}\boldsymbol{Q}$，计算可知 $\boldsymbol{P}\bar{\boldsymbol{A}}=\boldsymbol{P}\bar{\boldsymbol{A}}_1-Y\bar{\boldsymbol{A}}_2$，从而 $\bar{\boldsymbol{\Gamma}}<\boldsymbol{0}$ 变为

$$\bar{\boldsymbol{\Gamma}}=\begin{bmatrix}\bar{\boldsymbol{\Gamma}}_{11} & \boldsymbol{P} & \boldsymbol{P}\bar{\boldsymbol{D}} & \boldsymbol{I}_{n+r+q}\\ * & -\boldsymbol{I}_{n+r+q} & \boldsymbol{0} & \boldsymbol{0}\\ * & * & -\gamma\boldsymbol{I}_{l+2h+q} & \boldsymbol{0}\\ * & * & * & -\gamma\boldsymbol{I}_{n+r+q}\end{bmatrix}<\boldsymbol{0} \tag{4-18}$$

式(4－18)已经转化成 LMI，如果存在最小的 γ 使得式(4－18)成立，也就是使得式(4－14)成立，那么有 $\tilde{J}<0$，进而有 $J<0$。从而，可以知道有 $\|\boldsymbol{\varepsilon}\|\leqslant\gamma\|d\|$ 成立，至此定理 4－1 得证。

注 4－2　由定理 4－1 的上述证明过程可知，矩阵 $[\boldsymbol{F}^{\mathrm{T}}\quad\boldsymbol{G}^{\mathrm{T}}]^{\mathrm{T}}=\boldsymbol{P}^{-1}\boldsymbol{Y}$，从而得到矩阵 $\boldsymbol{F}$ 与 $\boldsymbol{G}$。然后，由式(4－10)可计算出 $\boldsymbol{N}=\boldsymbol{SM}-\boldsymbol{FH}$，再由 $\boldsymbol{L}=\boldsymbol{F}+\boldsymbol{NT}$ 得到 $\boldsymbol{L}$，从而完成观测器(4－8)的设计。

注 4－3　在求解 LMI(4－14)时，通过求解最小值问题得到的矩阵可能过于庞大，此时可以再设定比最小值 $\gamma_{\min}$ 稍大的 γ，通过求解 LMI(4－18)的可行解得到观测器(4－8)的增益矩阵。

4.3.3　故障估计

定理 4－2　考虑非线性连续动态系统(4－5)，若存在正定矩阵 $\boldsymbol{P}$ 与矩阵 $\boldsymbol{Y}$ 使得 LMI(4－14)有解，那么 $\hat{\boldsymbol{f}}_{\mathrm{s}}=[\boldsymbol{0}\quad\boldsymbol{I}_r]\hat{\boldsymbol{\zeta}}$ 是传感器故障 $\boldsymbol{f}_{\mathrm{s}}$ 的鲁棒渐近估计，$\hat{\boldsymbol{f}}_{\mathrm{ac}}=\int_0^t-\boldsymbol{G}\boldsymbol{e}_y\mathrm{d}\tau$ 为执行器故障(元器件故障)$\boldsymbol{f}_{\mathrm{ac}}$ 的鲁棒渐近估计。

证明　由定理 4－1 可知，$\hat{\boldsymbol{\zeta}}$ 是 $\boldsymbol{\zeta}$ 的鲁棒渐近估计，从而 $\hat{\boldsymbol{f}}_{\mathrm{s}}=[\boldsymbol{0}\quad\boldsymbol{I}_r]\hat{\boldsymbol{\zeta}}$ 是传感器故障 $\boldsymbol{f}_{\mathrm{s}}$ 的鲁棒渐近估计。同样可知，$\hat{\boldsymbol{f}}_{\mathrm{ac}}=\int_0^t-\boldsymbol{G}\boldsymbol{e}_y\mathrm{d}\tau$ 是执行器故障(元器件故障)$\boldsymbol{f}_{\mathrm{ac}}$ 的鲁棒渐近估计。证毕。

4.3.4　仿真分析

在卫星太阳能帆板驱动系统中广泛应用的直流电机系统的状态空间方程为[67]

$$\begin{cases}\begin{bmatrix}\dot{x}_1(t)\\ \dot{x}_2(t)\end{bmatrix}=\begin{bmatrix}-0.4751 & -0.0396\\ 113.9706 & -0.00952\end{bmatrix}\begin{bmatrix}x_1(t)\\ x_2(t)\end{bmatrix}+\begin{bmatrix}0.1277\\ 0\end{bmatrix}f_a(t)+\begin{bmatrix}0\\ 1\end{bmatrix}\xi(t)+\\ \qquad\begin{bmatrix}0.1277\\ 0\end{bmatrix}u(t)+\begin{bmatrix}0.0075\sin x_2(t)\\ 0\end{bmatrix}\\ \begin{bmatrix}y_1(t)\\ y_2(t)\end{bmatrix}=\begin{bmatrix}1 & 0\\ 0 & 1\end{bmatrix}\begin{bmatrix}x_1(t)\\ x_2(t)\end{bmatrix}+\begin{bmatrix}1\\ 0\end{bmatrix}f_s(t)\end{cases} \tag{4-19}$$

状态分量 x_1 与 x_2 分别为电枢电流(A)与电机角速度(rad/s),$\boldsymbol{u}$ 为输入电枢电压(V)。系统(4-19)中的干扰设为 $\xi(t)=0.3\sin 50t$。考虑系统(4-19)发生如下传感器故障与执行器故障:

$$f_s(t)=0.05(1-e^{4-t})+\sin \pi t, \quad 0\leqslant t\leqslant 15$$

$$f_a(t)=\begin{cases}0, & 0\leqslant t<4\\ 2\sin(\pi t)\cos t, & 4\leqslant t\leqslant 15\end{cases}$$

可以看出,系统(4-19)的输出 y 的维数为 2,执行器故障 f_a 与传感器故障 $\boldsymbol{f}_s$ 维数之和为 2,从而文献[40]中要求测量输出的维数大于执行器故障维数与传感器故障维数之和的条件不成立,因此文献[40]的方法无法估计系统(4-19)中的故障。下面利用本章所提方法估计系统(4-19)中的故障。

根据 4.3.3 小节以及设计的奇异自适应观测器(4-8)可得故障估计的示意图,如图 4-3 所示。

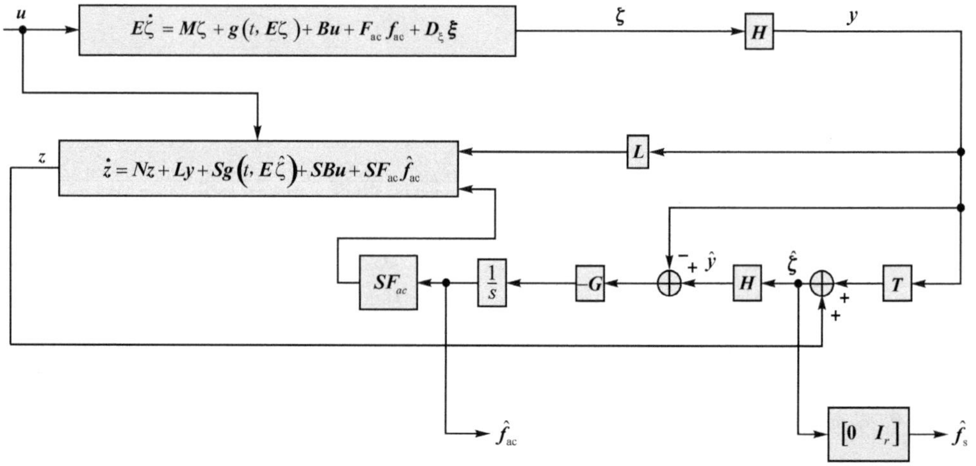

图 4-3 故障估计示意图

求解 LMI(4-14)可以得到 $\gamma_{\min}=30.6697$,相应的矩阵

$$\boldsymbol{P}=\begin{bmatrix}2.4898\times10^{3} & -28.1646 & 2.4601\times10^{3} & -0.1288\\ -28.1646 & 6.2328\times10^{3} & 28.1177 & -3.6219\times10^{-6}\\ 2.4601\times10^{3} & 28.1177 & 2.4898\times10^{3} & 0.1288\\ -0.1288 & -3.6219\times10^{-6} & 0.1288 & 0.0019\end{bmatrix}$$

$$Y=\begin{bmatrix}1.8625\times10^{7} & 5.9285\times10^{4}\\ 1.1815\times10^{5} & 4.0767\times10^{7}\\ 1.8626\times10^{7} & 5.8868\times10^{4}\\ 0.0611 & 0.0057\end{bmatrix},\quad Q=\begin{bmatrix}F\\ G\end{bmatrix}=\begin{bmatrix}3.7412\times10^{3} & 1.4751\times10^{4}\\ 18.7893 & 6.6737\times10^{3}\\ 3.7845\times10^{3} & -1.4727\times10^{4}\\ -2.8285\times10^{3} & 1.9474\times10^{6}\end{bmatrix}$$

可以看出 Q 中有的项太大，为了避免取过大的观测器增益矩阵，取 $\gamma=31$，通过求解 LMI(4-18)的可行解得到

$$P=\begin{bmatrix}4.9549 & -0.8466 & -0.8813 & -0.1275\\ -0.8466 & 0.4075 & 0.0868 & -0.0021\\ -0.8813 & 0.0868 & 2.1646 & 0.1268\\ -0.1275 & -0.0021 & 0.1268 & 0.0134\end{bmatrix},\ Y=\begin{bmatrix}0.1091 & 1.0755\\ 0.6878 & 4.6825\\ 4.9159 & -0.3877\\ -0.0005 & 0.0099\end{bmatrix}$$

$$Q=\begin{bmatrix}F\\ \hdashline G\end{bmatrix}=\begin{bmatrix}-0.7635 & 7.6864\\ -1.3718 & 29.5117\\ 5.4942 & -6.3129\\ \hdashline -59.3852 & 137.9240\end{bmatrix}$$

系统(4-19)的初始状态设为 $x_1(0)=1.7$，$x_2(0)=-18$。观测器(4-8)的初始状态设为 $\boldsymbol{z}(0)=[0\quad 0\quad 0]^{\mathrm{T}}$。图 4-4 与图 4-5 所示为故障系统(4-19)的状态估计(图中实线为系统真实状态，虚线为估计状态)，可以看出，本章设计的奇异自适应观测器能快速估计故障系统(4-19)的状态(为了方便查看，在图 4-5 中截取了 0～0.3 s 这一段)。执行器故障 f_a 与估计值 $\hat{f}_a$ 如图 4-6 所示，传感器故障 f_s 与估

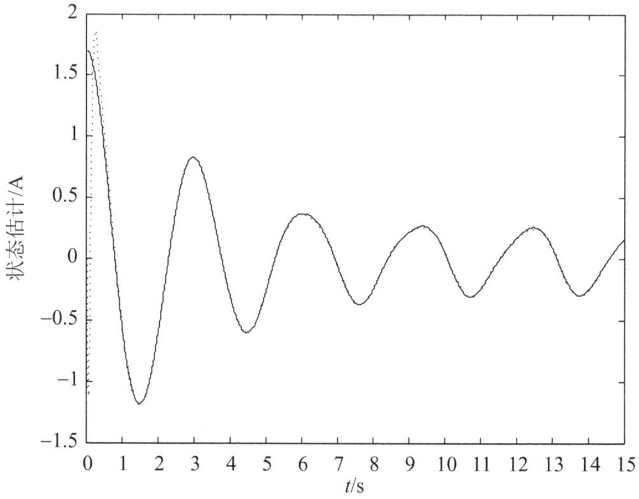

图 4-4 状态 x_1 与估计值 $\hat{x}_1$

计值 $\hat{f}_s$ 如图 4-7 所示。可以看出，本章所提出的故障估计方法可以实现非线性连续动态系统中执行器故障与传感器故障的同时鲁棒渐近估计。

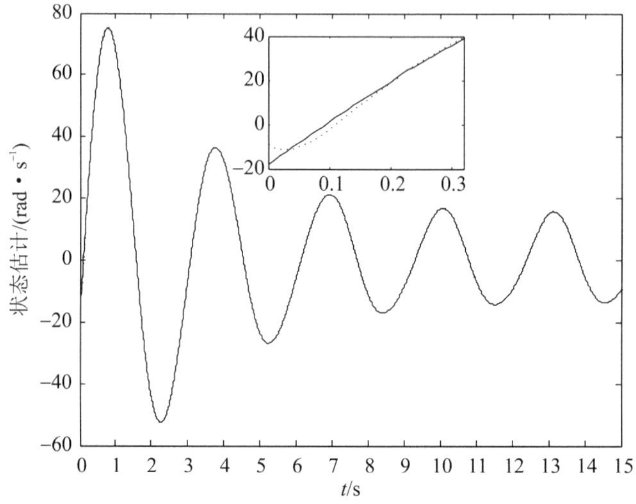

图 4-5　状态 x_2 与估计值 $\hat{x}_2$

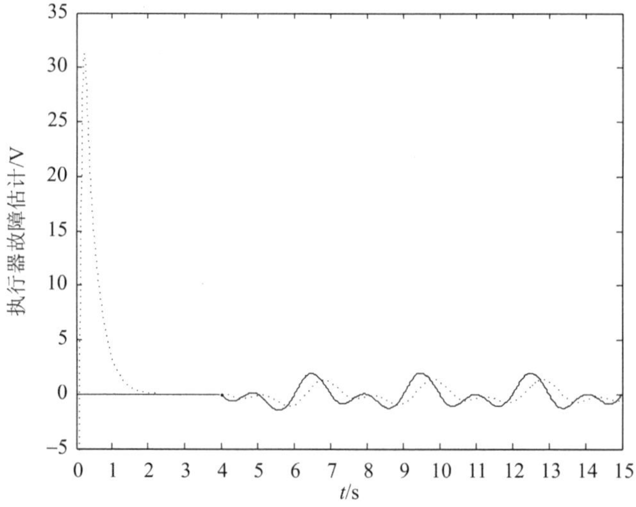

图 4-6　执行器故障 f_a 与估计值 $\hat{f}_a$

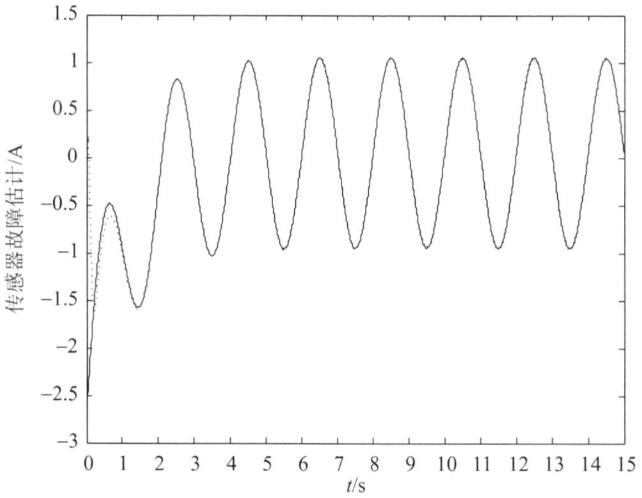

图 4-7　传感器故障 f_s 与估计值 $\hat{f}_s$

4.4　基于奇异自适应观测器的非线性离散动态系统的故障估计

4.4.1　系统与问题描述

考虑以下非线性离散动态系统：

$$\begin{cases} \boldsymbol{x}(k+1)=\boldsymbol{A}\boldsymbol{x}(k)+\boldsymbol{g}(k,\boldsymbol{x}(k))+\boldsymbol{B}\boldsymbol{u}(k)+\boldsymbol{F}_{\mathrm{ac}}\boldsymbol{f}_{\mathrm{ac}}(k)+\boldsymbol{D}_{\xi}\boldsymbol{\xi}(k) \\ \boldsymbol{y}(k)=\boldsymbol{C}\boldsymbol{x}(k)+\boldsymbol{F}_{\mathrm{s}}\boldsymbol{f}_{\mathrm{s}}(k)+\boldsymbol{D}_{\omega}\boldsymbol{\omega}(k) \end{cases} \tag{4-20}$$

式中，$\boldsymbol{x}\in\mathbb{R}^{n}$，$\boldsymbol{y}\in\mathbb{R}^{p}$，$\boldsymbol{u}\in\mathbb{R}^{m}$ 分别为系统的状态、测量输出与控制输入，$\boldsymbol{\xi}\in\mathbb{R}^{l}$，$\boldsymbol{\omega}\in\mathbb{R}^{h}$ 分别为状态方程与输出方程中的干扰，$\boldsymbol{f}_{\mathrm{ac}}\in\mathbb{R}^{q}$，$\boldsymbol{f}_{\mathrm{s}}\in\mathbb{R}^{r}$ 分别为系统的执行器故障(元器件故障)与传感器故障。$\boldsymbol{g}$ 为动态系统(4-20)中的非线性向量，且满足 Lipschitz 条件，即满足不等式 $\|\boldsymbol{g}(k,\boldsymbol{x}(k))-\boldsymbol{g}(k,\hat{\boldsymbol{x}}(k))\|\leqslant\|\boldsymbol{L}_{g}(\boldsymbol{x}(k)-\hat{\boldsymbol{x}}(k))\|$，其中，$\boldsymbol{L}_{g}\in\mathbb{R}^{n\times n}$ 为 Lipschitz 常值矩阵。$\boldsymbol{A},\boldsymbol{B},\boldsymbol{C},\boldsymbol{D}_{\xi},\boldsymbol{D}_{\omega},\boldsymbol{F}_{\mathrm{ac}},\boldsymbol{F}_{\mathrm{s}}$ 是已知的适当维数常值矩阵，且矩阵 $\boldsymbol{F}_{\mathrm{s}}$ 为列满秩矩阵。

为了估计出传感器故障 $\boldsymbol{f}_{\mathrm{s}}$，下面将系统(4-20)改写成奇异系统形式。令

$$\boldsymbol{E}=[\boldsymbol{I}_n\quad \boldsymbol{0}],\quad \boldsymbol{M}=[\boldsymbol{A}\quad \boldsymbol{0}],\quad \boldsymbol{H}=[\boldsymbol{C}\quad \boldsymbol{F}_{\mathrm{s}}]$$

由于 $\begin{bmatrix}\boldsymbol{E}\\ \boldsymbol{H}\end{bmatrix}$ 是列满秩矩阵，因此逆矩阵 $\left(\begin{bmatrix}\boldsymbol{E}\\ \boldsymbol{H}\end{bmatrix}^{\mathrm{T}}\begin{bmatrix}\boldsymbol{E}\\ \boldsymbol{H}\end{bmatrix}\right)^{-1}$ 存在。令 $[\boldsymbol{S}\quad \boldsymbol{T}]=\left(\begin{bmatrix}\boldsymbol{E}\\ \boldsymbol{H}\end{bmatrix}^{\mathrm{T}}\begin{bmatrix}\boldsymbol{E}\\ \boldsymbol{H}\end{bmatrix}\right)^{-1}\begin{bmatrix}\boldsymbol{E}\\ \boldsymbol{H}\end{bmatrix}^{\mathrm{T}}$，从而有

$$SE+TH=I_{n+r} \tag{4-21}$$

定义 $\boldsymbol{\zeta}=[\boldsymbol{x}^{\mathrm{T}}\quad \boldsymbol{f}_{\mathrm{s}}^{\mathrm{T}}]^{\mathrm{T}}$，从而系统(4-20)可以写为

$$\begin{cases}\boldsymbol{E\zeta}(k+1)=\boldsymbol{M\zeta}(k)+\boldsymbol{g}(k,\boldsymbol{E\zeta}(k))+\boldsymbol{Bu}(k)+\\ \qquad\qquad \boldsymbol{F}_{\mathrm{ac}}\boldsymbol{f}_{\mathrm{ac}}(k)+\boldsymbol{D}_{\xi}\boldsymbol{\xi}(k)\\ \boldsymbol{y}(k)=\boldsymbol{H\zeta}(k)+\boldsymbol{D}_{\omega}\boldsymbol{\omega}(k)\end{cases} \tag{4-22}$$

下面针对系统(4-22)设计奇异自适应观测器，然后通过设计的观测器得到执行器故障(元器件故障) $\boldsymbol{f}_{\mathrm{ac}}$ 与传感器故障 $\boldsymbol{f}_{\mathrm{s}}$ 的同时鲁棒渐近估计。

4.4.2　奇异自适应观测器设计

1. 观测器的构建

针对系统(4-22)，设计奇异自适应观测器

$$\begin{cases}\boldsymbol{z}(k+1)=\boldsymbol{Nz}(k)+\boldsymbol{Ly}(k)+\boldsymbol{Sg}(k,\boldsymbol{E}\hat{\boldsymbol{\zeta}}(k))+\\ \qquad\qquad \boldsymbol{SBu}(k)+\boldsymbol{SF}_{\mathrm{ac}}\hat{\boldsymbol{f}}_{\mathrm{ac}}(k)\\ \hat{\boldsymbol{\zeta}}(k)=\boldsymbol{z}(k)+\boldsymbol{Ty}(k)\\ \hat{\boldsymbol{y}}(k)=\boldsymbol{H}\hat{\boldsymbol{\zeta}}(k)\\ \hat{\boldsymbol{f}}_{\mathrm{ac}}(k+1)=\hat{\boldsymbol{f}}_{\mathrm{ac}}(k)-\boldsymbol{Ge}_{y}(k)\end{cases} \tag{4-23}$$

式中，$\boldsymbol{e}_{y}(k)=\hat{\boldsymbol{y}}(k)-\boldsymbol{y}(k)$，$\hat{\boldsymbol{\zeta}}$ 与 $\hat{\boldsymbol{f}}_{\mathrm{ac}}$ 分别为状态 $\boldsymbol{\zeta}$ 与执行器故障(元器件故障) $\boldsymbol{f}_{\mathrm{ac}}$ 的估计。令 $\boldsymbol{\varepsilon}(k)=\hat{\boldsymbol{\zeta}}(k)-\boldsymbol{\zeta}(k)$，从而由式(4-21)～式(4-23)计算可知

$$\begin{aligned}\boldsymbol{\varepsilon}(k)&=\hat{\boldsymbol{\zeta}}(k)-\boldsymbol{\zeta}(k)\\ &=\boldsymbol{z}(k)+\boldsymbol{Ty}(k)-\boldsymbol{\zeta}(k)\\ &=\boldsymbol{z}(k)+\boldsymbol{T}[\boldsymbol{H\zeta}(k)+\boldsymbol{D}_{\omega}\boldsymbol{\omega}(k)]-\boldsymbol{\zeta}(k)\\ &=\boldsymbol{z}(k)+(\boldsymbol{TH}-\boldsymbol{I}_{n+r})\boldsymbol{\zeta}(k)+\boldsymbol{TD}_{\omega}\boldsymbol{\omega}(k)\\ &=\boldsymbol{z}(k)-\boldsymbol{SE\zeta}(k)+\boldsymbol{TD}_{\omega}\boldsymbol{\omega}(k)\end{aligned}$$

记 $\boldsymbol{e}_{f_{\mathrm{ac}}}(k)=\hat{\boldsymbol{f}}_{\mathrm{ac}}(k)-\boldsymbol{f}_{\mathrm{ac}}(k)$，$\Delta\boldsymbol{f}_{\mathrm{ac}}(k)=\boldsymbol{f}_{\mathrm{ac}}(k+1)-\hat{\boldsymbol{f}}_{\mathrm{ac}}(k)$，通过计算可知

$$\begin{aligned}\boldsymbol{e}_{f_{\mathrm{ac}}}(k+1)&=\hat{\boldsymbol{f}}_{\mathrm{ac}}(k+1)-\boldsymbol{f}_{\mathrm{ac}}(k+1)\\ &=\hat{\boldsymbol{f}}_{\mathrm{ac}}(k)-\boldsymbol{Ge}_{y}(k)-\boldsymbol{f}_{\mathrm{ac}}(k+1)\\ &=-\boldsymbol{G}[\boldsymbol{H\varepsilon}(k)-\boldsymbol{D}_{\omega}\boldsymbol{\omega}(k)]-\Delta\boldsymbol{f}_{\mathrm{ac}}(k)\\ &=-\boldsymbol{GH\varepsilon}(k)+\boldsymbol{GD}_{\omega}\boldsymbol{\omega}(k)-\Delta\boldsymbol{f}_{\mathrm{ac}}(k)\end{aligned} \tag{4-24}$$

此外，有

$$\begin{aligned}\boldsymbol{\varepsilon}(k+1)&=\boldsymbol{z}(k+1)-\boldsymbol{SE\zeta}(k+1)+\boldsymbol{TD}_{\omega}\boldsymbol{\omega}(k+1)\\ &=\boldsymbol{Nz}(k)+\boldsymbol{Ly}(k)+\boldsymbol{Sg}(k,\boldsymbol{E}\hat{\boldsymbol{\zeta}}(k))+\boldsymbol{SBu}(k)+\boldsymbol{SF}_{\mathrm{ac}}\hat{\boldsymbol{f}}_{\mathrm{ac}}(k)-\end{aligned}$$

$$
\begin{aligned}
& \boldsymbol{SE\zeta}(k+1)+\boldsymbol{TD}_{\omega}\boldsymbol{\omega}(k+1) \\
=& \boldsymbol{Nz}(k)+\boldsymbol{Ly}(k)+\boldsymbol{Sg}(k,\boldsymbol{E}\hat{\boldsymbol{\zeta}}(k))+\boldsymbol{SBu}(k)+\boldsymbol{SF}_{ac}\hat{\boldsymbol{f}}_{ac}(k)- \\
& \boldsymbol{S}[\boldsymbol{M\zeta}(k)+\boldsymbol{g}(k,\boldsymbol{E\zeta}(k))+\boldsymbol{Bu}(k)+\boldsymbol{F}_{ac}\boldsymbol{f}_{ac}(k)+\boldsymbol{D}_{\xi}\boldsymbol{\xi}(k)]+\boldsymbol{TD}_{\omega}\boldsymbol{\omega}(k+1) \\
=& \boldsymbol{Nz}(k)+\boldsymbol{Ly}(k)+[\boldsymbol{Sg}(k,\boldsymbol{E}\hat{\boldsymbol{\zeta}}(k))-\boldsymbol{Sg}(k,\boldsymbol{E\zeta}(k))]+ \\
& \boldsymbol{SF}_{ac}(\hat{\boldsymbol{f}}_{ac}(k)-\boldsymbol{f}_{ac}(k))-\boldsymbol{SM\zeta}(k)-\boldsymbol{SD}_{\xi}\boldsymbol{\xi}(k)+\boldsymbol{TD}_{\omega}\boldsymbol{\omega}(k+1) \\
=& \boldsymbol{N}[(\hat{\boldsymbol{\zeta}}(k)-\boldsymbol{\zeta}(k))+\boldsymbol{\zeta}(k)-\boldsymbol{Ty}(k)]+\boldsymbol{Ly}(k)+ \\
& [\boldsymbol{Sg}(k,\boldsymbol{E}\hat{\boldsymbol{\zeta}}(k))-\boldsymbol{Sg}(k,\boldsymbol{E\zeta}(k))]+\boldsymbol{SF}_{ac}\boldsymbol{e}_{f_{ac}}(k)- \\
& \boldsymbol{SM\zeta}(k)-\boldsymbol{SD}_{\xi}\boldsymbol{\xi}(k)+\boldsymbol{TD}_{\omega}\boldsymbol{\omega}(k+1) \\
=& \boldsymbol{N\varepsilon}(k)+(\boldsymbol{N}-\boldsymbol{SM})\boldsymbol{\zeta}(k)+(\boldsymbol{L}-\boldsymbol{NT})\boldsymbol{y}(k)+ \\
& \boldsymbol{S}[\boldsymbol{g}(k,\boldsymbol{E}\hat{\boldsymbol{\zeta}}(k))-\boldsymbol{g}(k,\boldsymbol{E\zeta}(k))]+\boldsymbol{SF}_{ac}\boldsymbol{e}_{f_{ac}}(k)- \\
& \boldsymbol{SD}_{\xi}\boldsymbol{\xi}(k)+\boldsymbol{TD}_{\omega}\boldsymbol{\omega}(k+1) \\
=& \boldsymbol{N\varepsilon}(k)+(\boldsymbol{N}-\boldsymbol{SM})\boldsymbol{\zeta}(k)+(\boldsymbol{L}-\boldsymbol{NT})[\boldsymbol{H\zeta}(k)+\boldsymbol{D}_{\omega}\boldsymbol{\omega}(k)]+ \\
& \boldsymbol{S}[\boldsymbol{g}(k,\boldsymbol{E}\hat{\boldsymbol{\zeta}}(k))-\boldsymbol{g}(k,\boldsymbol{E\zeta}(k))]+\boldsymbol{SF}_{ac}\boldsymbol{e}_{f_{ac}}(k)-\boldsymbol{SD}_{\xi}\boldsymbol{\xi}(k)+\boldsymbol{TD}_{\omega}\boldsymbol{\omega}(k+1)
\end{aligned}
$$

令

$$\boldsymbol{F}=\boldsymbol{L}-\boldsymbol{NT},\quad \boldsymbol{N}=\boldsymbol{SM}-\boldsymbol{FH} \tag{4-25}$$

从而,有

$$
\begin{aligned}
\boldsymbol{\varepsilon}(k+1)=& \boldsymbol{N\varepsilon}(k)+(\boldsymbol{N}-\boldsymbol{SM})\boldsymbol{\zeta}(k)+(\boldsymbol{L}-\boldsymbol{NT})[\boldsymbol{H\zeta}(k)+\boldsymbol{D}_{\omega}\boldsymbol{\omega}(k)]+ \\
& \boldsymbol{S}[\boldsymbol{g}(k,\boldsymbol{E}\hat{\boldsymbol{\zeta}}(k))-\boldsymbol{g}(k,\boldsymbol{E\zeta}(k))]+\boldsymbol{SF}_{ac}\boldsymbol{e}_{f_{ac}}(k)- \\
& \boldsymbol{SD}_{\xi}\boldsymbol{\xi}(k)+\boldsymbol{TD}_{\omega}\boldsymbol{\omega}(k+1) \\
=& \boldsymbol{N\varepsilon}(k)+(\boldsymbol{N}-\boldsymbol{SM}+\boldsymbol{FH})\boldsymbol{\zeta}(k)+\boldsymbol{S}[\boldsymbol{g}(k,\boldsymbol{E}\hat{\boldsymbol{\zeta}}(k))-\boldsymbol{g}(k,\boldsymbol{E\zeta}(k))]+ \\
& \boldsymbol{SF}_{ac}\boldsymbol{e}_{f_{ac}}(k)-\boldsymbol{SD}_{\xi}\boldsymbol{\xi}(k)+\boldsymbol{FD}_{\omega}\boldsymbol{\omega}(k)+\boldsymbol{TD}_{\omega}\boldsymbol{\omega}(k+1) \\
=& (\boldsymbol{SM}-\boldsymbol{FH})\varepsilon(k)+\boldsymbol{S}[\boldsymbol{g}(k,\boldsymbol{E}\hat{\boldsymbol{\zeta}}(k))-\boldsymbol{g}(k,\boldsymbol{E\zeta}(k))]+\boldsymbol{SF}_{ac}\boldsymbol{e}_{f_{ac}}(k)- \\
& \boldsymbol{SD}_{\xi}\boldsymbol{\xi}(k)+\boldsymbol{FD}_{\omega}\boldsymbol{\omega}(k)+\boldsymbol{TD}_{\omega}\boldsymbol{\omega}(k+1)
\end{aligned}
\tag{4-26}
$$

定义 $\bar{\boldsymbol{\varepsilon}}(k)=\begin{bmatrix}\boldsymbol{\varepsilon}(k)\\ \boldsymbol{e}_{f_{ac}}(k)\end{bmatrix}$,并记 $\boldsymbol{d}(k)=[\boldsymbol{\xi}(k)^{T}\quad \boldsymbol{\omega}(k)^{T}\quad \boldsymbol{\omega}(k+1)^{T}\ \Delta\boldsymbol{f}_{ac}(k)^{T}]^{T}$,从而由式(4-24)与式(4-26)可知

$$\bar{\boldsymbol{\varepsilon}}(k+1)=\bar{\boldsymbol{A}}\bar{\boldsymbol{\varepsilon}}(k)+\bar{\boldsymbol{g}}(k)+\bar{\boldsymbol{D}}\boldsymbol{d}(k) \tag{4-27}$$

式中

$$\bar{\boldsymbol{A}}=\begin{bmatrix}\boldsymbol{SM}-\boldsymbol{FH} & \boldsymbol{SF}_{ac}\\ -\boldsymbol{GH} & \boldsymbol{0}\end{bmatrix},\quad \bar{\boldsymbol{D}}=\begin{bmatrix}-\boldsymbol{SD}_{\xi} & \boldsymbol{FD}_{\omega} & \boldsymbol{TD}_{\omega} & \boldsymbol{0}\\ \boldsymbol{0} & \boldsymbol{GD}_{\omega} & \boldsymbol{0} & -\boldsymbol{I}_{q}\end{bmatrix}$$

$$\bar{g}(k)=\begin{bmatrix}S[g(k,E\hat{\zeta}(k))-g(k,E\zeta(k))]\\ 0\end{bmatrix}$$

记
$$\bar{A}_1=\begin{bmatrix}SM & SF_{ac}\\ 0 & 0\end{bmatrix},\quad \bar{A}_2=[H\quad 0],\quad Q=[F^{\mathrm{T}}\quad G^{\mathrm{T}}]^{\mathrm{T}}$$

$$\bar{D}_1=\begin{bmatrix}-SD_{\xi} & 0 & TD_{\omega} & 0\\ 0 & 0 & 0 & -I_q\end{bmatrix},\quad \bar{D}_2=[0\quad D_{\omega}\quad 0\quad 0]$$

则有，$\bar{A}=\bar{A}_1-Q\bar{A}_2$，$\bar{D}=\bar{D}_1+Q\bar{D}_2$。

为了抑制干扰 d 对故障估计的影响，设计 H_{∞} 性能指标 $\gamma>0$，使得

$$\|\bar{\varepsilon}\|\leqslant\gamma\|d\| \tag{4-28}$$

由于 $\|\bar{\varepsilon}\|\geqslant\|\hat{f}_{ac}-f_{ac}\|$，且 $\|\bar{\varepsilon}\|\geqslant\|\hat{f}_s-f_s\|$，因此当式(4-28)成立时，即可实现执行器故障(元器件故障)与传感器故障的同时鲁棒估计。下面证明误差动态系统(4-27)是鲁棒渐近稳定的。

2. 稳定性证明

定理 4-3　考虑非线性离散动态系统(4-20)，若存在正定矩阵 P 与矩阵 Y 使得以下 LMI 优化问题

$\min\gamma,\gamma>0$

$$\text{s.t.}\begin{bmatrix}-P+A_{\bar{g}} & \bar{A}_1^{\mathrm{T}}P-\bar{A}_2^{\mathrm{T}}Y & 0 & \bar{A}_1^{\mathrm{T}}P-\bar{A}_2^{\mathrm{T}}Y & I_{n+r+q}\\ * & -I_{n+r+q} & P\bar{D}_1+Y^{\mathrm{T}}\bar{D}_2 & 0 & 0\\ * & * & -\gamma I_{l+2h+q} & \bar{D}_1^{\mathrm{T}}P+\bar{D}_2^{\mathrm{T}}Y & 0\\ * & * & * & -P & 0\\ * & * & * & * & -\gamma I_{n+r+q}\end{bmatrix}<0 \tag{4-29}$$

有解，那么误差动态系统(4-27)是鲁棒渐近稳定的。其中，$*$ 表示对称矩阵的对称项，且 $A_{\bar{g}}=\begin{bmatrix}\|S\|(L_gE)^{\mathrm{T}}L_gE & 0\\ 0 & 0\end{bmatrix}$。

证明　定义 Lyapunov 泛函 $V(k)=\bar{\varepsilon}(k)^{\mathrm{T}}P\gamma\bar{\varepsilon}(k)$，对 V 沿着系统(4-27)求差分可得

$$\begin{aligned}\Delta V&=V(k+1)-V(k)\\ &=[\bar{A}\bar{\varepsilon}(k)+\bar{g}(k)+\bar{D}d(k)]^{\mathrm{T}}P\gamma[\bar{A}\bar{\varepsilon}(k)+\bar{g}(k)+\bar{D}d(k)]-\bar{\varepsilon}(k)^{\mathrm{T}}P\gamma\bar{\varepsilon}(k)\\ &=\bar{\varepsilon}(k)^{\mathrm{T}}(\bar{A}^{\mathrm{T}}P\gamma\bar{A}-P\gamma)\bar{\varepsilon}(k)+\bar{\varepsilon}(k)^{\mathrm{T}}\bar{A}^{\mathrm{T}}P\gamma\bar{g}(k)+\bar{g}(k)^{\mathrm{T}}P\gamma\bar{A}\bar{\varepsilon}(k)+\\ &\quad\bar{\varepsilon}(k)^{\mathrm{T}}\bar{A}^{\mathrm{T}}P\gamma\bar{D}d(k)+d(k)^{\mathrm{T}}\bar{D}^{\mathrm{T}}P\gamma\bar{A}\bar{\varepsilon}(k)+\bar{g}(k)^{\mathrm{T}}P\gamma\bar{D}d(k)+\\ &\quad d(k)^{\mathrm{T}}\bar{D}^{\mathrm{T}}P\gamma\bar{g}(k)+d(k)^{\mathrm{T}}\bar{D}^{\mathrm{T}}P\gamma\bar{D}d(k)\end{aligned} \tag{4-30}$$

此外，通过计算可知

$$\begin{aligned}
\bar{\boldsymbol{g}}(k)^{\mathrm{T}}\boldsymbol{I}_{n+r+q}\bar{\boldsymbol{g}}(k) &= \left[[\boldsymbol{g}(k,\boldsymbol{E}\hat{\boldsymbol{\zeta}}(k))-\boldsymbol{g}(k,\boldsymbol{E}\boldsymbol{\zeta}(k))]^{\mathrm{T}}\boldsymbol{S}^{\mathrm{T}} \quad \boldsymbol{0}\right]\cdot \\
&\quad \begin{bmatrix} \boldsymbol{S}[\boldsymbol{g}(k,\boldsymbol{E}\hat{\boldsymbol{\zeta}}(k))-\boldsymbol{g}(k,\boldsymbol{E}\boldsymbol{\zeta}(k))] \\ \boldsymbol{0} \end{bmatrix} \\
&= \| \boldsymbol{S}[\boldsymbol{g}(k,\boldsymbol{E}\hat{\boldsymbol{\zeta}}(k))-\boldsymbol{g}(k,\boldsymbol{E}\boldsymbol{\zeta}(k))] \| \\
&\leqslant \|\boldsymbol{S}\| \, \|\boldsymbol{g}(k,\boldsymbol{E}\hat{\boldsymbol{\zeta}}(k))-\boldsymbol{g}(k,\boldsymbol{E}\boldsymbol{\zeta}(k))\| \\
&= \|\boldsymbol{S}\| \, [\boldsymbol{g}(k,\boldsymbol{E}\hat{\boldsymbol{\zeta}}(k))-\boldsymbol{g}(k,\boldsymbol{E}\boldsymbol{\zeta}(k))]^{\mathrm{T}} \\
&\quad [\boldsymbol{g}(k,\boldsymbol{E}\hat{\boldsymbol{\zeta}}(k))-\boldsymbol{g}(k,\boldsymbol{E}\boldsymbol{\zeta}(k))] \\
&\leqslant \|\boldsymbol{S}\| \, [\hat{\boldsymbol{\zeta}}(k)-\boldsymbol{\zeta}(k)]^{\mathrm{T}}\boldsymbol{E}^{\mathrm{T}}\boldsymbol{L}_g^{\mathrm{T}}\boldsymbol{L}_g\boldsymbol{E}[\hat{\boldsymbol{\zeta}}(k)-\boldsymbol{\zeta}(k)] \\
&= \|\boldsymbol{S}\| \, [\boldsymbol{L}_g\boldsymbol{E}[\boldsymbol{I}_{n+r} \quad \boldsymbol{0}]\bar{\boldsymbol{\varepsilon}}(k)]^{\mathrm{T}}\boldsymbol{L}_g\boldsymbol{E}[\boldsymbol{I}_{n+r} \quad \boldsymbol{0}]\bar{\boldsymbol{\varepsilon}}(k) \\
&= \|\boldsymbol{S}\| \, \bar{\boldsymbol{\varepsilon}}(k)^{\mathrm{T}}[\boldsymbol{L}_g\boldsymbol{E} \quad \boldsymbol{0}]^{\mathrm{T}}[\boldsymbol{L}_g\boldsymbol{E} \quad \boldsymbol{0}]\bar{\boldsymbol{\varepsilon}}(k) \\
&= \bar{\boldsymbol{\varepsilon}}(k)^{\mathrm{T}}\begin{bmatrix} \|\boldsymbol{S}\|(\boldsymbol{L}_g\boldsymbol{E})^{\mathrm{T}}\boldsymbol{L}_g\boldsymbol{E} & \boldsymbol{0} \\ \boldsymbol{0} & \boldsymbol{0} \end{bmatrix}\bar{\boldsymbol{\varepsilon}}(k) \\
&= \bar{\boldsymbol{\varepsilon}}(k)^{\mathrm{T}}\boldsymbol{A}_{\bar{g}}\bar{\boldsymbol{\varepsilon}}(k)
\end{aligned}$$

所以，有

$$\bar{\boldsymbol{\varepsilon}}^{\mathrm{T}}\boldsymbol{A}_{\bar{g}}\bar{\boldsymbol{\varepsilon}} - \bar{\boldsymbol{g}}^{\mathrm{T}}\boldsymbol{I}_{n+r+q}\bar{\boldsymbol{g}} \geqslant 0 \tag{4-31}$$

若存在 $V(k)$ 使得

$$W(k) = \frac{\bar{\boldsymbol{\varepsilon}}(k)^{\mathrm{T}}\bar{\boldsymbol{\varepsilon}}(k) - \gamma^2\boldsymbol{d}(k)^{\mathrm{T}}\boldsymbol{d}(k) + \Delta V(k)}{\gamma} < 0 \tag{4-32}$$

那么就实现了鲁棒渐近故障估计，下面给出式(4－32)成立的条件。由式(4－30)及式(4－31)计算可知

$$\begin{aligned}
W(k) &= \frac{\bar{\boldsymbol{\varepsilon}}(k)^{\mathrm{T}}\bar{\boldsymbol{\varepsilon}}(k) - \gamma^2\boldsymbol{d}(k)^{\mathrm{T}}\boldsymbol{d}(k) + \Delta V(k)}{\gamma} \\
&\leqslant \frac{1}{\gamma}[\bar{\boldsymbol{\varepsilon}}(k)^{\mathrm{T}}\bar{\boldsymbol{\varepsilon}}(k) - \gamma^2\boldsymbol{d}(k)^{\mathrm{T}}\boldsymbol{d}(k) + \bar{\boldsymbol{\varepsilon}}(k)^{\mathrm{T}}(\bar{\boldsymbol{A}}^{\mathrm{T}}\boldsymbol{P}\gamma\bar{\boldsymbol{A}} - \boldsymbol{P}\gamma)\bar{\boldsymbol{\varepsilon}}(k) + \\
&\quad \bar{\boldsymbol{\varepsilon}}(k)^{\mathrm{T}}\bar{\boldsymbol{A}}^{\mathrm{T}}\boldsymbol{P}\gamma\bar{\boldsymbol{g}}(k) + \bar{\boldsymbol{g}}(k)^{\mathrm{T}}\boldsymbol{P}\gamma\bar{\boldsymbol{A}}\bar{\boldsymbol{\varepsilon}}(k) + \bar{\boldsymbol{\varepsilon}}(k)^{\mathrm{T}}\bar{\boldsymbol{A}}^{\mathrm{T}}\boldsymbol{P}\gamma\bar{\boldsymbol{D}}\boldsymbol{d}(k) + \\
&\quad \boldsymbol{d}(k)^{\mathrm{T}}\bar{\boldsymbol{D}}^{\mathrm{T}}\boldsymbol{P}\gamma\bar{\boldsymbol{A}}\bar{\boldsymbol{\varepsilon}}(k) + \bar{\boldsymbol{g}}(k)^{\mathrm{T}}\boldsymbol{P}\gamma\bar{\boldsymbol{D}}\boldsymbol{d}(k) + \boldsymbol{d}(k)^{\mathrm{T}}\bar{\boldsymbol{D}}^{\mathrm{T}}\boldsymbol{P}\gamma\bar{\boldsymbol{g}}(k) + \\
&\quad \boldsymbol{d}(k)^{\mathrm{T}}\bar{\boldsymbol{D}}^{\mathrm{T}}\boldsymbol{P}\gamma\bar{\boldsymbol{D}}\boldsymbol{d}(k)] + \bar{\boldsymbol{\varepsilon}}(k)^{\mathrm{T}}\boldsymbol{A}_{\bar{g}}\bar{\boldsymbol{\varepsilon}}(k) - \bar{\boldsymbol{g}}(k)^{\mathrm{T}}\boldsymbol{I}_{n+r+q}\bar{\boldsymbol{g}}(k) \\
&\leqslant \bar{\boldsymbol{\varepsilon}}(k)^{\mathrm{T}}\left(\bar{\boldsymbol{A}}^{\mathrm{T}}\boldsymbol{P}\bar{\boldsymbol{A}} - \boldsymbol{P} + \boldsymbol{A}_{\bar{g}} + \frac{1}{\gamma}\boldsymbol{I}_{n+r+q}\right)\bar{\boldsymbol{\varepsilon}}(k) + \bar{\boldsymbol{\varepsilon}}(k)^{\mathrm{T}}\bar{\boldsymbol{A}}^{\mathrm{T}}\boldsymbol{P}\bar{\boldsymbol{g}}(k) + \\
&\quad \bar{\boldsymbol{g}}(k)^{\mathrm{T}}\boldsymbol{P}\bar{\boldsymbol{A}}\bar{\boldsymbol{\varepsilon}}(k) + \bar{\boldsymbol{\varepsilon}}(k)^{\mathrm{T}}\bar{\boldsymbol{A}}^{\mathrm{T}}\boldsymbol{P}\bar{\boldsymbol{D}}\boldsymbol{d}(k) + \boldsymbol{d}(k)^{\mathrm{T}}\bar{\boldsymbol{D}}^{\mathrm{T}}\boldsymbol{P}\bar{\boldsymbol{A}}\bar{\boldsymbol{\varepsilon}}(k) + \bar{\boldsymbol{g}}(k)^{\mathrm{T}}\boldsymbol{P}\bar{\boldsymbol{D}}\boldsymbol{d}(k) + \\
&\quad \boldsymbol{d}(k)^{\mathrm{T}}\bar{\boldsymbol{D}}^{\mathrm{T}}\boldsymbol{P}\bar{\boldsymbol{g}}(k) + \boldsymbol{d}(k)^{\mathrm{T}}(\bar{\boldsymbol{D}}^{\mathrm{T}}\boldsymbol{P}\bar{\boldsymbol{D}} - \gamma\boldsymbol{I}_{l+2h+q})\boldsymbol{d}(k) - \bar{\boldsymbol{g}}(k)^{\mathrm{T}}\boldsymbol{I}_{n+r+q}\bar{\boldsymbol{g}}(k)
\end{aligned}$$

定义 $\boldsymbol{X}=[\bar{\boldsymbol{\varepsilon}}^{\mathrm{T}} \quad \bar{\boldsymbol{g}}^{\mathrm{T}} \quad \boldsymbol{d}^{\mathrm{T}}]^{\mathrm{T}}$,可知 $W(k)\leqslant \boldsymbol{X}^{\mathrm{T}}\boldsymbol{\Gamma}\boldsymbol{X}$。从而由 $\boldsymbol{\Gamma}<\boldsymbol{0}$ 可得 $W(k)<0$。其中,

$$\boldsymbol{\Gamma}=\begin{bmatrix} \bar{\boldsymbol{A}}^{\mathrm{T}}\boldsymbol{P}\bar{\boldsymbol{A}}-\boldsymbol{P}+\boldsymbol{A}_{\bar{g}}+\dfrac{1}{\gamma}\boldsymbol{I}_{n+r+q} & \bar{\boldsymbol{A}}^{\mathrm{T}}\boldsymbol{P} & \bar{\boldsymbol{A}}^{\mathrm{T}}\boldsymbol{P}\bar{\boldsymbol{D}} \\ * & -\boldsymbol{I}_{n+r+q} & \boldsymbol{P}\bar{\boldsymbol{D}} \\ * & * & \bar{\boldsymbol{D}}^{\mathrm{T}}\boldsymbol{P}\bar{\boldsymbol{D}}-\gamma\boldsymbol{I}_{l+2h+q} \end{bmatrix}$$

由 Schur 补定理可知,$\boldsymbol{\Gamma}<\boldsymbol{0}$ 等价于

$$\begin{bmatrix} -\boldsymbol{P}+\boldsymbol{A}_{\bar{g}}+\dfrac{1}{\gamma}\boldsymbol{I}_{n+r+q} & \bar{\boldsymbol{A}}^{\mathrm{T}}\boldsymbol{P} & \boldsymbol{0} & \bar{\boldsymbol{A}}^{\mathrm{T}}\boldsymbol{P} \\ * & -\boldsymbol{I}_{n+r+q} & \boldsymbol{P}\bar{\boldsymbol{D}} & \boldsymbol{0} \\ * & * & -\gamma\boldsymbol{I}_{l+2h+q} & \bar{\boldsymbol{D}}^{\mathrm{T}}\boldsymbol{P} \\ * & * & * & -\boldsymbol{P} \end{bmatrix}<\boldsymbol{0}$$

再次根据 Schur 补定理,$\boldsymbol{\Gamma}<\boldsymbol{0}$ 等价于

$$\bar{\boldsymbol{\Gamma}}=\begin{bmatrix} -\boldsymbol{P}+\boldsymbol{A}_{\bar{g}} & \bar{\boldsymbol{A}}^{\mathrm{T}}\boldsymbol{P} & \boldsymbol{0} & \bar{\boldsymbol{A}}^{\mathrm{T}}\boldsymbol{P} & \boldsymbol{I}_{n+r+q} \\ * & -\boldsymbol{I}_{n+r+q} & \boldsymbol{P}\bar{\boldsymbol{D}} & \boldsymbol{0} & \boldsymbol{0} \\ * & * & -\gamma\boldsymbol{I}_{l+2h+q} & \bar{\boldsymbol{D}}^{\mathrm{T}}\boldsymbol{P} & \boldsymbol{0} \\ * & * & * & -\boldsymbol{P} & \boldsymbol{0} \\ * & * & * & * & -\gamma\boldsymbol{I}_{n+r+q} \end{bmatrix}<\boldsymbol{0}$$

令 $\boldsymbol{Y}^{\mathrm{T}}=\boldsymbol{P}\boldsymbol{Q}$,通过计算可知

$$\boldsymbol{P}\bar{\boldsymbol{A}}=\boldsymbol{P}\bar{\boldsymbol{A}}_1-\boldsymbol{Y}^{\mathrm{T}}\bar{\boldsymbol{A}}_2,\quad \boldsymbol{P}\bar{\boldsymbol{D}}=\boldsymbol{P}\bar{\boldsymbol{D}}_1+\boldsymbol{Y}^{\mathrm{T}}\bar{\boldsymbol{D}}_2$$

从而,$\bar{\boldsymbol{\Gamma}}<\boldsymbol{0}$ 等价于

$$\begin{bmatrix} -\boldsymbol{P}+\boldsymbol{A}_{\bar{g}} & \bar{\boldsymbol{A}}_1^{\mathrm{T}}\boldsymbol{P}-\bar{\boldsymbol{A}}_2^{\mathrm{T}}\boldsymbol{Y} & \boldsymbol{0} & \bar{\boldsymbol{A}}_1^{\mathrm{T}}\boldsymbol{P}-\bar{\boldsymbol{A}}_2^{\mathrm{T}}\boldsymbol{Y} & \boldsymbol{I}_{n+r+q} \\ * & -\boldsymbol{I}_{n+r+q} & \boldsymbol{P}\bar{\boldsymbol{D}}_1+\boldsymbol{Y}^{\mathrm{T}}\bar{\boldsymbol{D}}_2 & \boldsymbol{0} & \boldsymbol{0} \\ * & * & -\gamma\boldsymbol{I}_{l+2h+q} & \bar{\boldsymbol{D}}_1^{\mathrm{T}}\boldsymbol{P}+\bar{\boldsymbol{D}}_2^{\mathrm{T}}\boldsymbol{Y} & \boldsymbol{0} \\ * & * & * & -\boldsymbol{P} & \boldsymbol{0} \\ * & * & * & * & -\gamma\boldsymbol{I}_{n+r+q} \end{bmatrix}<\boldsymbol{0}$$

(4-33)

式(4-33)已经是 LMI,若存在最小的 γ 使得式(4-33)成立,也就是使得式(4-29)成立,那么 $W(k)<0$,从而 $\|\bar{\boldsymbol{\varepsilon}}\|\leqslant\gamma\|\boldsymbol{d}\|$,至此定理 4-3 得证。

注 4-4　由定理 4-3 的上述证明过程可知，矩阵 $[\boldsymbol{F}^{\mathrm{T}} \quad \boldsymbol{G}^{\mathrm{T}}]^{\mathrm{T}}=\boldsymbol{P}^{-1}\boldsymbol{Y}$，从而得到矩阵 $\boldsymbol{F}$ 与 $\boldsymbol{G}$。然后，由式(4-25)可计算出 $\boldsymbol{N}=\boldsymbol{SM}-\boldsymbol{FH}$，再由 $\boldsymbol{L}=\boldsymbol{F}+\boldsymbol{NT}$ 得到 $\boldsymbol{L}$，从而完成奇异自适应观测器(4-23)的设计。

4.4.3 故障估计

定理 4-4　考虑非线性离散动态系统(4-20)，若存在正定矩阵 P 与矩阵 Y 使得 LMI(4-29)有解，那么 $\hat{\boldsymbol{f}}_{\mathrm{s}}(k)=[\boldsymbol{0} \quad \boldsymbol{I}_r]\hat{\boldsymbol{\zeta}}(k)$ 是传感器故障 $\boldsymbol{f}_{\mathrm{s}}$ 的鲁棒渐近估计，$\hat{\boldsymbol{f}}_{\mathrm{ac}}(k+1)=\hat{\boldsymbol{f}}_{\mathrm{ac}}(k)-\boldsymbol{G}\boldsymbol{e}_y(k)$ 为执行器故障(元器件故障)$\boldsymbol{f}_{\mathrm{ac}}$ 的鲁棒渐近估计。

证明　由定理 4-3 可知，$\hat{\boldsymbol{\zeta}}$ 是 $\boldsymbol{\zeta}$ 的鲁棒渐近估计，从而 $\hat{\boldsymbol{f}}_s(\mathbf{k})=[\boldsymbol{0} \quad \boldsymbol{I}_r]\hat{\boldsymbol{\zeta}}(k)$ 是传感器故障 f_{s} 的鲁棒渐近估计。同理，通过 $\hat{\boldsymbol{f}}_{\mathrm{ac}}(k+1)=\hat{\boldsymbol{f}}_{\mathrm{ac}}(k)-\boldsymbol{G}\boldsymbol{e}_y(k)$ 得到执行器故障(元器件故障)$\boldsymbol{f}_{\mathrm{ac}}$ 的鲁棒渐近估计。证毕。

4.4.4 仿真分析

考虑直流电机系统[67]，取采样周期 τ 为 0.01 s，将其离散化可得状态空间方程

$$\begin{cases}\begin{bmatrix}x_1(k+1)\\x_2(k+1)\end{bmatrix}=\begin{bmatrix}0.9952 & -0.0004\\1.1397 & 0.9999\end{bmatrix}\begin{bmatrix}x_1(k)\\x_2(k)\end{bmatrix}+\begin{bmatrix}0.0013\\0\end{bmatrix}f_a(k)+\begin{bmatrix}0\\0.01\end{bmatrix}\xi(k)+\\ \qquad\begin{bmatrix}0.0013\\0\end{bmatrix}u(k)+\begin{bmatrix}7.5000\times10^{-5}\sin x_2(k)\\0\end{bmatrix}\\ \begin{bmatrix}y_1(k)\\y_2(k)\end{bmatrix}=\begin{bmatrix}1 & 0\\0 & 1\end{bmatrix}\begin{bmatrix}x_1(k)\\x_2(k)\end{bmatrix}+\begin{bmatrix}1\\0\end{bmatrix}f_{\mathrm{s}}(k)+\begin{bmatrix}0\\1\end{bmatrix}\omega(k)\end{cases} \tag{4-34}$$

系统(4-34)的外部干扰设为 $\xi(k)=0.3\sin(50k\tau)$，$\boldsymbol{\omega}(k)=0.5\cos(10\pi k\tau)$。考虑系统(4-34)同时发生如下传感器故障与执行器故障：

$$f_{\mathrm{s}}(k)=0.05(1-\mathrm{e}^{4-k\tau})+\sin\pi k\tau, \qquad 0\leqslant k\tau\leqslant 15$$

$$f_a(k)=\begin{cases}0, & 0\leqslant k\tau<4\\2\sin(\pi k\tau)\cos(k\tau), & 4\leqslant k\tau\leqslant 15\end{cases}$$

根据 4.4.3 小节以及奇异自适应观测器(4-23)可得故障估计的示意图，如图 4-8 所示。

求解 LMI(4-29)可以得 $\gamma_{\min}=4.0893$，相应的矩阵

$$\boldsymbol{P}=\begin{bmatrix}118.9119 & -0.8078 & 118.0832 & 0.0003\\-0.8078 & 2.4787 & 0.8078 & -0.0009\\118.0832 & 0.8078 & 118.9119 & -0.0004\\0.0003 & -0.0009 & -0.0004 & 1.2385\end{bmatrix},\quad \boldsymbol{Y}=\begin{bmatrix}0.1822 & 0.0997\\-0.0977 & 0.9697\\-0.1822 & -0.0997\\0.0001 & -0.0003\end{bmatrix}^{\mathrm{T}}$$

$$Q=\left[F^{\mathrm{T}}\ \vdots\ G^{\mathrm{T}}\right]^{\mathrm{T}}=\begin{bmatrix}0.497\,6 & 0.284\,9 & -0.497\,6 & \vdots & -6.080\,7\times10^{-10}\\ 1.375\,8 & 1.287\,9 & -1.375\,8 & \vdots & 1.090\,2\times10^{-8}\end{bmatrix}^{\mathrm{T}}$$

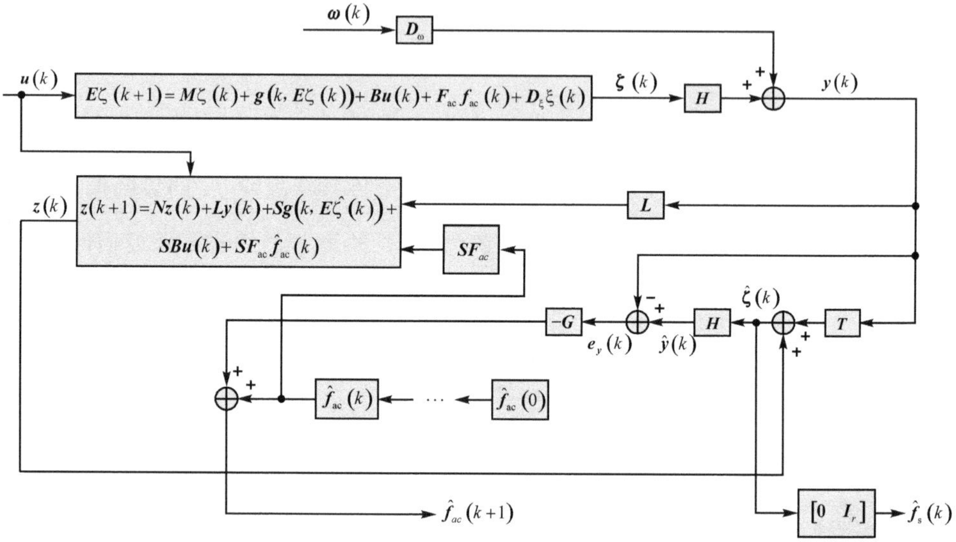

图 4-8 故障估计示意图

系统(4-34)的初始状态设为 $x_1(0)=1.7, x_2(0)=-18$。观测器(4-23)的初始状态设为 $\boldsymbol{z}(0)=[0\quad 0\quad 0]^{\mathrm{T}}$。图 4-9 与图 4-10 所示为故障系统(4-34)的状态估计(实线为系统真实状态，虚线为估计状态)，可以看出，本章设计的奇异自适应观测器能迅速跟踪上故障系统(4-34)的状态(为了方便查看，在图 4-9 与图 4-10 中分别截取了 0～0.15 s 这一段)。

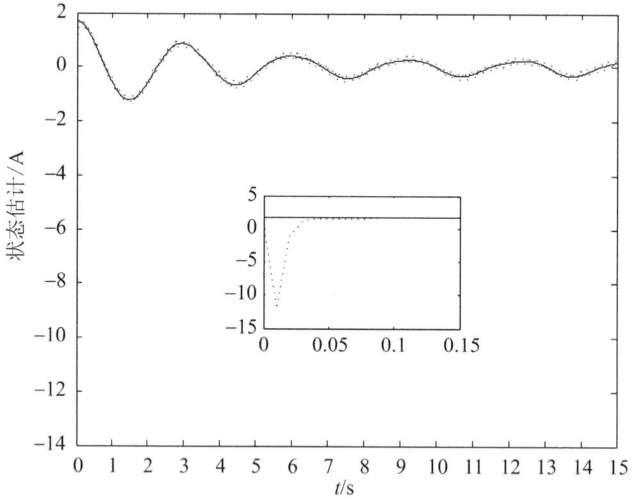

图 4-9 状态 x_1 与估计值 $\hat{x}_1$

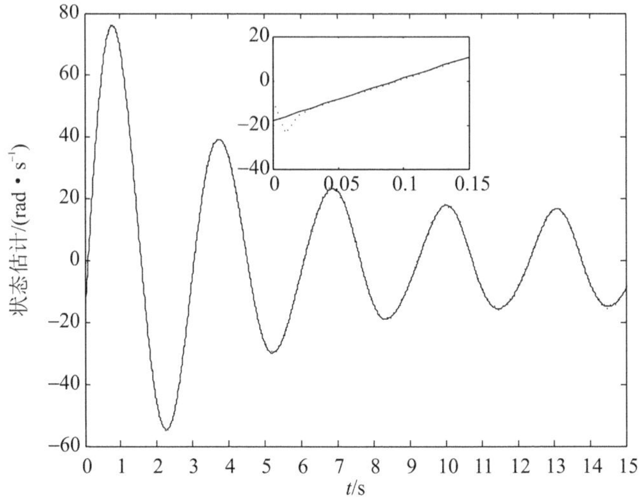

图 4-10　状态 x_2 与估计值 $\hat{x}_2$

执行器与传感器的故障估计如图 4-11 与图 4-12 所示(实线为实际故障,虚线为估计的故障),可以看出,本章所提出的故障估计方法可以实现非线性离散动态系统中执行器故障与传感器故障的同时鲁棒渐近估计(为了方便查看,在图 4-11 中截取了 2～3 s 这一段;在图 4-12 中分别截取了 0～0.15 s 以及 9～10 s 这两段)。

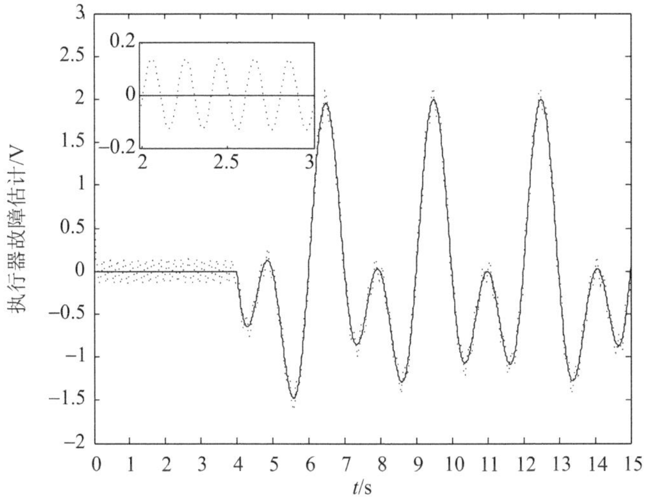

图 4-11　执行器故障 f_a 与估计值 $\hat{f}_a$

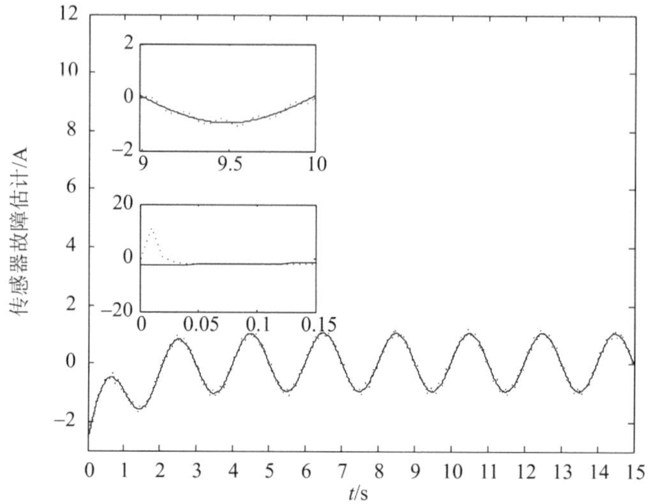

图 4－12　传感器故障 f_s 与估计值 $\hat{f}_s$

4.5　本章小结

针对非线性动态系统中执行器故障(元器件故障)与传感器故障的同时估计问题,本章提出一种奇异自适应观测器方法来实现故障估计。首先,研究非线性连续动态系统的同时故障估计问题,采用 H_∞ 性能指标抑制了干扰对故障估计的影响,利用 Lyapunov 泛函证明了误差动态系统的鲁棒渐近稳定性,并通过 LMI 求解奇异自适应观测器的增益矩阵,从而很方便地完成观测器的设计,在此基础上得到了非线性连续动态系统中执行器故障(元器件故障)与传感器故障的同时鲁棒渐近估计。然后,将非线性连续动态系统的结果扩展到非线性离散动态系统的故障估计中。最后,通过直流电机仿真分析验证了本章所提方法是有效的。

本章所提观测器不需要对故障或故障导数以及干扰作上界已知的假设,因此与已有方法相比,本章所提方法适用范围更广。第 5 章将在本章的基础上,进一步研究时滞非线性系统的执行器故障(元器件故障)与传感器故障的同时估计问题。

第5章 基于奇异自适应观测器的时滞非线性系统的故障估计

5.1 引　言

为了确保现代工业系统的安全性以及提高其运行的可靠性，必须及时检测与诊断出系统运行过程中的执行器故障（元器件故障）与传感器故障。即使一些故障在初期可能并不严重，重要的是及时发现与诊断故障，从而为后续决策提供依据。正是由于工业上的需求，FDD 技术的研究近年来一直非常活跃[11-17]。

由于故障估计能够定量地显示故障的严重程度，因此得到了研究人员的密切关注[19-49]。然而，以往的故障估计文献很少有研究时滞系统的情况。时滞经常出现在实际系统中[68]。因此，非常有必要展开时滞系统故障估计的研究。文献[32]研究了线性时滞系统的故障估计问题，利用 LMI 实现了自适应故障诊断观测器增益矩阵的求解，可是并没有考虑外部扰动的影响。文献[37]和[47]分别利用自适应观测器与奇异观测器研究了时滞非线性系统的故障估计问题。然而，文献[37]和[47]研究的是仅有执行器故障或仅有传感器故障的情况，并没有考虑执行器故障与传感器故障的同时估计问题。与单一的故障估计问题相比，多故障估计问题会更加复杂。因此，多故障估计问题的研究，无论是在理论上还是实际应用中，都有非常重要的研究价值。为了能够同时估计出时滞非线性系统中的执行器故障（元器件故障）与传感器故障，本章把奇异观测器与自适应观测器结合起来，设计了一种奇异自适应观测器来实现时滞非线性系统中执行器故障（元器件故障）与传感器故障的同时估计。

针对前面的分析，本章在第 4 章的基础上，提出一种奇异自适应观测器来同时估计时滞非线性系统中的执行器故障（元器件故障）与传感器故障。与已有方法相比，本章所提方法不需要假设故障或故障导数以及干扰的上界是已知的。为了降低故障误报并提高故障估计的鲁棒性，将 H_∞ 性能指标引入到观测器设计中，从而能够抑制干扰对故障估计的影响。通过 LMI 求解所提观测器的增益矩阵，可以很方便地完成奇异自适应观测器的设计，并通过它完成时滞非线性系统中执行器故障（元器件故障）与传感器故障的同时鲁棒渐近估计。

5.2 理论基础

时滞的存在使得系统的分析变得更加复杂和困难，同时，时滞的存在也往往是系统不稳定和系统性能变差的根源。正是由于时滞系统在实际中的大量存在，以及时滞系统分析的困难性，时滞系统的分析一直是控制理论和控制工程领域中研究的一个热点问题。本节介绍时滞系统的稳定性问题[63]。

考虑时滞系统

$$\dot{\boldsymbol{x}}(t)=\boldsymbol{A}\boldsymbol{x}(t)+\boldsymbol{A}_{\tau}\boldsymbol{x}(t-\tau) \tag{5-1}$$

式中，$\boldsymbol{x}(t)$是系统的状态向量，$\boldsymbol{A},\boldsymbol{A}_{\tau}\in\mathbb{R}^{n\times n}$是已知的常数矩阵，$\tau>0$是滞后时间。

在现有的时滞系统稳定性条件中，根据是否依赖系统中时滞的大小，可以将稳定性条件分为时滞独立和时滞依赖两类。

① 时滞独立的稳定性条件：在该条件下，对所有的时滞 $\tau>0$，系统是渐近稳定的。由于这样的条件无须知道系统滞后时间的信息，因此，其适合处理具有不确定滞后时间和未知滞后时间的时滞系统稳定性分析问题。

② 时依赖的稳定性条件：在该条件下，对滞后时间 τ 的某些值，系统是稳定的；而对滞后时间 τ 的另外一些值，系统则是不稳定的。因此，系统的稳定性依赖于滞后时间。

一般来说，时滞独立的稳定性条件是比较保守的。因为若系统满足时滞独立的稳定性条件，则对任意大的滞后时间，系统都是稳定的。显然，这样的要求是很强的，特别是对小的时滞系统，这样的条件是很保守的。但是，时滞独立的稳定性条件也有其优点：首先，这样的条件往往更简单；其次，它可以允许系统的时滞是不确定或未知的，从而无须知道系统时滞的精确信息。

引理 5-1 对于系统(5-2)，如果存在对称正定矩阵 $\boldsymbol{P},\boldsymbol{S}\in\mathbb{R}^{n\times n}$，使得

$$\begin{bmatrix}\boldsymbol{A}^{\mathrm{T}}\boldsymbol{P}+\boldsymbol{P}\boldsymbol{A}+\boldsymbol{S} & \boldsymbol{P}\boldsymbol{A}_{\tau}\\ \boldsymbol{A}_{\tau}^{\mathrm{T}}\boldsymbol{P} & -\boldsymbol{S}\end{bmatrix}<0 \tag{5-2}$$

则系统(5-1)是渐近稳定的。

容易看到矩阵不等式(5-2)是关于矩阵变量 $\boldsymbol{P}$ 和 $\boldsymbol{S}$ 的一个线性矩阵不等式。引理 5-1 用该线性矩阵不等式系统的可行性给出了系统(5-1)渐近稳定的一个充分条件。

5.3 系统与问题描述

考虑如下时滞非线性系统：

$$\begin{cases}\dot{\boldsymbol{x}}(t)=\boldsymbol{A}\boldsymbol{x}(t)+\boldsymbol{A}_{\tau}\boldsymbol{x}(t-\tau(t))+\boldsymbol{g}(t,\boldsymbol{x}(t))+\boldsymbol{g}_{\tau}(t,\boldsymbol{x}(t-\tau(t)))+\\ \qquad \boldsymbol{B}\boldsymbol{u}(t)+\boldsymbol{F}_{\mathrm{ac}}\boldsymbol{f}_{\mathrm{ac}}(t)+\boldsymbol{D}_{\xi}\boldsymbol{\xi}(t)\\ \boldsymbol{y}(t)=\boldsymbol{C}\boldsymbol{x}(t)+\boldsymbol{F}_{\mathrm{s}}\boldsymbol{f}_{\mathrm{s}}(t)\end{cases} \tag{5-3}$$

式中，$\boldsymbol{x}\in\mathbb{R}^{n}$，$\boldsymbol{y}\in\mathbb{R}^{p}$，$\boldsymbol{u}\in\mathbb{R}^{m}$ 分别为系统的状态、测量输出与控制输入，$\boldsymbol{\xi}\in\mathbb{R}^{l}$ 表示外部干扰，$\boldsymbol{f}_{\mathrm{ac}}\in\mathbb{R}^{q}$ 与 $\boldsymbol{f}_{\mathrm{s}}\in\mathbb{R}^{r}$ 分别为系统中的执行器故障（元器件故障）与传感器故障。$\boldsymbol{g}$ 与 $\boldsymbol{g}_{\tau}$ 为系统（5-3）中的非线性向量，满足 Lipschitz 条件，即满足不等式 $\|\boldsymbol{g}(t,\boldsymbol{x}(t))-\boldsymbol{g}(t,\hat{\boldsymbol{x}}(t))\|\leqslant\|\boldsymbol{L}_{g}(\boldsymbol{x}(t)-\hat{\boldsymbol{x}}(t))\|$，$\|\boldsymbol{g}_{\tau}(t,\boldsymbol{x}(t-\tau(t)))-\boldsymbol{g}_{\tau}(t,\hat{\boldsymbol{x}}(t-\tau(t)))\|\leqslant\|\boldsymbol{L}_{g\tau}(\boldsymbol{x}(t-\tau(t))-\hat{\boldsymbol{x}}(t-\tau(t)))\|$，其中，$\boldsymbol{L}_{g}$，$\boldsymbol{L}_{g\tau}\in\mathbb{R}^{n\times n}$ 分别为 $\boldsymbol{g}$ 与 $\boldsymbol{g}_{\tau}$ 的 Lipschitz 常值矩阵。$\boldsymbol{A}$，$\boldsymbol{A}_{\tau}$，$\boldsymbol{B}$，$\boldsymbol{C}$，$\boldsymbol{D}_{\xi}$，$\boldsymbol{F}_{\mathrm{ac}}$，$\boldsymbol{F}_{\mathrm{s}}$ 是已知的适当维数常值矩阵，矩阵 $\boldsymbol{F}_{\mathrm{s}}$ 为列满秩矩阵。

为了估计出传感器故障 $\boldsymbol{f}_{\mathrm{s}}$，下面将系统（5-3）改写成奇异系统形式。令

$$\boldsymbol{E}=[\boldsymbol{I}_{n}\quad \boldsymbol{0}],\quad \boldsymbol{M}=[\boldsymbol{A}\quad \boldsymbol{0}],\quad \boldsymbol{M}_{\tau}=[\boldsymbol{A}_{\tau}\quad \boldsymbol{0}],\quad \boldsymbol{H}=[\boldsymbol{C}\quad \boldsymbol{F}_{\mathrm{s}}]$$

由于$[\boldsymbol{E}^{\mathrm{T}}\quad \boldsymbol{H}^{\mathrm{T}}]^{\mathrm{T}}$ 是列满秩矩阵，因此逆矩阵$([\boldsymbol{E}^{\mathrm{T}}\quad \boldsymbol{H}^{\mathrm{T}}][\boldsymbol{E}^{\mathrm{T}}\quad \boldsymbol{H}^{\mathrm{T}}]^{\mathrm{T}})^{-1}$ 存在。令 $[\boldsymbol{S}\quad \boldsymbol{T}]=([\boldsymbol{E}^{\mathrm{T}}\quad \boldsymbol{H}^{\mathrm{T}}][\boldsymbol{E}^{\mathrm{T}}\quad \boldsymbol{H}^{\mathrm{T}}]^{\mathrm{T}})^{-1}[\boldsymbol{E}^{\mathrm{T}}\quad \boldsymbol{H}^{\mathrm{T}}]$，从而有

$$\boldsymbol{S}\boldsymbol{E}+\boldsymbol{T}\boldsymbol{H}=\boldsymbol{I}_{n+r} \tag{5-4}$$

定义 $\boldsymbol{\zeta}=[\boldsymbol{x}^{\mathrm{T}}\quad \boldsymbol{f}_{\mathrm{s}}^{\mathrm{T}}]^{\mathrm{T}}$，为了简洁，后文省略时间变量 t。将系统（5-3）改写为

$$\begin{cases}\boldsymbol{E}\dot{\boldsymbol{\zeta}}=\boldsymbol{M}\boldsymbol{\zeta}+\boldsymbol{M}_{\tau}\boldsymbol{\zeta}(t-\tau)+\boldsymbol{g}(t,\boldsymbol{E}\boldsymbol{\zeta})+\boldsymbol{g}_{\tau}(t,\boldsymbol{E}\boldsymbol{\zeta}(t-\tau))+\\ \qquad \boldsymbol{B}\boldsymbol{u}+\boldsymbol{F}_{\mathrm{ac}}\boldsymbol{f}_{\mathrm{ac}}+\boldsymbol{D}_{\xi}\boldsymbol{\xi}\\ \boldsymbol{y}=\boldsymbol{H}\boldsymbol{\zeta}\end{cases} \tag{5-5}$$

下面针对系统（5-5）设计奇异自适应观测器，然后通过设计的观测器得到执行器故障（元器件故障）$\boldsymbol{f}_{\mathrm{ac}}$ 与传感器故障 $\boldsymbol{f}_{\mathrm{s}}$ 的同时鲁棒渐近估计。

5.4 奇异自适应观测器设计

5.4.1 观测器的构建

针对系统（5-5），设计奇异自适应观测器

$$\begin{cases}\dot{z}=Nz+N_\tau z(t-\tau)+Ly+L_\tau y(t-\tau)+Sg(t,E\hat{\zeta})+\\ \quad Sg_\tau(t,E\hat{\zeta}(t-\tau))+SBu+SF_{ac}\hat{f}_{ac}\\ \hat{\zeta}=z+Ty\\ \hat{y}=H\hat{\zeta}\\ \dot{\hat{f}}_{ac}=-Ge_y\end{cases} \tag{5-6}$$

式中，$e_y=\hat{y}-y$，$\hat{\zeta}$ 与 $\hat{f}_{ac}$ 分别为系统(5-5)的状态 ζ 与执行器故障(元器件故障)f_{ac} 的估计。

令 $\varepsilon=\hat{\zeta}-\zeta$，从而由式(5-4)～式(5-6)可知

$$\varepsilon=\hat{\zeta}-\zeta=z+(TH-I_{n+r})\zeta=z-SE\zeta$$

记 $e_{f_{ac}}=\hat{f}_{ac}-f_{ac}$，通过计算可知

$$\dot{e}_{f_{ac}}=\dot{\hat{f}}_{ac}-\dot{f}_{ac}=-Ge_y-\dot{f}_{ac}=-GH\varepsilon-\dot{f}_{ac} \tag{5-7}$$

此外，有

$$\begin{aligned}\dot{\varepsilon}(t)=&\ \dot{z}-SE\dot{\zeta}\\ =&\ Nz+N_\tau z(t-\tau)+Ly+L_\tau y(t-\tau)+Sg(t,E\hat{\zeta})+Sg_\tau(t,E\hat{\zeta}(t-\tau))+\\ &SBu+SF_{ac}\hat{f}_{ac}-SE\dot{\zeta}\\ =&\ Nz+N_\tau z(t-\tau)+Ly+L_\tau y(t-\tau)+Sg(t,E\hat{\zeta})+\\ &Sg_\tau(t,E\hat{\zeta}(t-\tau))+SBu+SF_{ac}\hat{f}_{ac}-\\ &S[M\zeta+M_\tau\zeta(t-\tau)+g(t,E\zeta)+g_\tau(t,E\zeta(t-\tau))+Bu+F_{ac}f_{ac}+D_\xi\xi]\\ =&\ Nz+N_\tau z(t-\tau)+Ly+L_\tau y(t-\tau)+S[g(t,E\hat{\zeta})-g(t,E\zeta)]+\\ &S[g_\tau(t,E\hat{\zeta}(t-\tau))-g_\tau(t,E\zeta(t-\tau))]+SF_{ac}(\hat{f}_{ac}-f_{ac})-\\ &SM\zeta-SM_\tau\zeta(t-\tau)-SD_\xi\xi\\ =&\ N[(\hat{\zeta}-\zeta)+\zeta-Ty]+N_\tau[(\hat{\zeta}(t-\tau)-\zeta(t-\tau))+\zeta(t-\tau)]-\\ &N_\tau Ty(t-\tau)+Ly+L_\tau y(t-\tau)+[Sg(t,E\hat{\zeta})-Sg(t,E\zeta)]+\\ &S[g_\tau(t,E\hat{\zeta}(t-\tau))-g_\tau(t,E\zeta(t-\tau))]+SF_{ac}e_{f_{ac}}-SM\zeta-SM_\tau\zeta(t-\tau)-SD_\xi\xi\\ =&\ N\varepsilon+N_\tau\varepsilon(t-\tau)+(N-SM)\zeta+(N_\tau-SM_\tau)\zeta(t-\tau)+(L-NT)y+\\ &(L_\tau-N_\tau T)y(t-\tau)+S[g(t,E\hat{\zeta})-g(t,E\zeta)]+\\ &S[g_\tau(t,E\hat{\zeta}(t-\tau))-g_\tau(t,E\zeta(t-\tau))]+SF_{ac}e_{f_{ac}}-SD_\xi\xi\\ =&\ N\varepsilon+N_\tau\varepsilon(t-\tau)+(N-SM)\zeta+(N_\tau-SM_\tau)\zeta(t-\tau)+(L-NT)H\zeta+\end{aligned}$$

$$(\boldsymbol{L}_\tau-\boldsymbol{N}_\tau\boldsymbol{T})\boldsymbol{H}\boldsymbol{\zeta}(t-\tau)+\boldsymbol{S}[\boldsymbol{g}(t,\boldsymbol{E}\hat{\boldsymbol{\zeta}})-\boldsymbol{g}(t,\boldsymbol{E}\boldsymbol{\zeta})]+$$
$$\boldsymbol{S}[\boldsymbol{g}_\tau(t,\boldsymbol{E}\hat{\boldsymbol{\zeta}}(t-\tau))-\boldsymbol{g}_\tau(t,\boldsymbol{E}\boldsymbol{\zeta}(t-\tau))]+\boldsymbol{S}\boldsymbol{F}_{\mathrm{ac}}\boldsymbol{e}_{f_{\mathrm{ac}}}-\boldsymbol{S}\boldsymbol{D}_\xi\boldsymbol{\xi}$$

令

$$\boldsymbol{F}=\boldsymbol{L}-\boldsymbol{N}\boldsymbol{T},\quad \boldsymbol{N}=\boldsymbol{S}\boldsymbol{M}-\boldsymbol{F}\boldsymbol{H},\quad \boldsymbol{F}_\tau=\boldsymbol{L}_\tau-\boldsymbol{N}_\tau\boldsymbol{T},\quad \boldsymbol{N}_\tau=\boldsymbol{S}\boldsymbol{M}_\tau-\boldsymbol{F}_\tau\boldsymbol{H} \tag{5-8}$$

从而，有

$$\begin{aligned}\dot{\boldsymbol{\varepsilon}}&=\boldsymbol{N}\boldsymbol{\varepsilon}+\boldsymbol{N}_\tau\boldsymbol{\varepsilon}(t-\tau)+(\boldsymbol{N}-\boldsymbol{S}\boldsymbol{M})\boldsymbol{\zeta}+(\boldsymbol{N}_\tau-\boldsymbol{S}\boldsymbol{M}_\tau)\boldsymbol{\zeta}(t-\tau)+\\&\quad(\boldsymbol{L}-\boldsymbol{N}\boldsymbol{T})\boldsymbol{H}\boldsymbol{\zeta}+(\boldsymbol{L}_\tau-\boldsymbol{N}_\tau\boldsymbol{T})\boldsymbol{H}\boldsymbol{\zeta}(t-\tau)+\\&\quad\boldsymbol{S}[\boldsymbol{g}(t,\boldsymbol{E}\hat{\boldsymbol{\zeta}})-\boldsymbol{g}(t,\boldsymbol{E}\boldsymbol{\zeta})]+\boldsymbol{S}[\boldsymbol{g}_\tau(t,\boldsymbol{E}\hat{\boldsymbol{\zeta}}(t-\tau))-\boldsymbol{g}_\tau(t,\boldsymbol{E}\boldsymbol{\zeta}(t-\tau))]+\\&\quad\boldsymbol{S}\boldsymbol{F}_{\mathrm{ac}}\boldsymbol{e}_{f_{\mathrm{ac}}}-\boldsymbol{S}\boldsymbol{D}_\xi\boldsymbol{\xi}\\&=\boldsymbol{N}\boldsymbol{\varepsilon}+\boldsymbol{N}_\tau\varepsilon(t-\tau)+(\boldsymbol{N}-\boldsymbol{S}\boldsymbol{M}+\boldsymbol{F}\boldsymbol{H})\zeta+\\&\quad(\boldsymbol{N}_\tau-\boldsymbol{S}\boldsymbol{M}_\tau+\boldsymbol{F}_\tau\boldsymbol{H})\boldsymbol{\zeta}(t-\tau)+\boldsymbol{S}[\boldsymbol{g}(t,\boldsymbol{E}\hat{\boldsymbol{\zeta}})-\boldsymbol{g}(t,\boldsymbol{E}\boldsymbol{\zeta})]+\\&\quad\boldsymbol{S}[\boldsymbol{g}_\tau(t,\boldsymbol{E}\hat{\boldsymbol{\zeta}}(t-\tau))-\boldsymbol{g}_\tau(t,\boldsymbol{E}\boldsymbol{\zeta}(t-\tau))]+\boldsymbol{S}\boldsymbol{F}_{\mathrm{ac}}\boldsymbol{e}_{f_{\mathrm{ac}}}-\boldsymbol{S}\boldsymbol{D}_\xi\boldsymbol{\xi}\\&=(\boldsymbol{S}\boldsymbol{M}-\boldsymbol{F}\boldsymbol{H})\boldsymbol{\varepsilon}+(\boldsymbol{S}\boldsymbol{M}_\tau-\boldsymbol{F}_\tau\boldsymbol{H})\boldsymbol{\varepsilon}(t-\tau)+\boldsymbol{S}[\boldsymbol{g}(t,\boldsymbol{E}\hat{\boldsymbol{\zeta}})-\boldsymbol{g}(t,\boldsymbol{E}\boldsymbol{\zeta})]+\\&\quad\boldsymbol{S}[\boldsymbol{g}_\tau(t,\boldsymbol{E}\hat{\boldsymbol{\zeta}}(t-\tau))-\boldsymbol{g}_\tau(t,\boldsymbol{E}\boldsymbol{\zeta}(t-\tau))]+\boldsymbol{S}\boldsymbol{F}_{\mathrm{ac}}\boldsymbol{e}_{f_{\mathrm{ac}}}-\boldsymbol{S}\boldsymbol{D}_\xi\boldsymbol{\xi}\end{aligned} \tag{5-9}$$

定义 $\bar{\boldsymbol{\varepsilon}}=\begin{bmatrix}\boldsymbol{\varepsilon}^{\mathrm{T}} & \boldsymbol{e}_{f_{\mathrm{ac}}}^{\mathrm{T}}\end{bmatrix}^{\mathrm{T}}$，并记 $\boldsymbol{d}=\begin{bmatrix}\boldsymbol{\xi}^{\mathrm{T}} & \dot{\boldsymbol{f}}_{\mathrm{ac}}^{\mathrm{T}}\end{bmatrix}^{\mathrm{T}}$，从而由式(5-7)与式(5-9)可知

$$\dot{\bar{\boldsymbol{\varepsilon}}}=\bar{\boldsymbol{A}}\bar{\boldsymbol{\varepsilon}}+\bar{\boldsymbol{A}}_\tau\bar{\boldsymbol{\varepsilon}}(t-\tau)+\bar{\boldsymbol{g}}+\bar{\boldsymbol{g}}_\tau(t-\tau)+\bar{\boldsymbol{D}}\boldsymbol{d} \tag{5-10}$$

式中

$$\bar{\boldsymbol{A}}=\begin{bmatrix}\boldsymbol{S}\boldsymbol{M}-\boldsymbol{F}\boldsymbol{H} & \boldsymbol{S}\boldsymbol{F}_{\mathrm{ac}}\\ -\boldsymbol{G}\boldsymbol{H} & \boldsymbol{0}\end{bmatrix},\quad \bar{\boldsymbol{A}}_\tau=\begin{bmatrix}\boldsymbol{S}\boldsymbol{M}_\tau-\boldsymbol{F}_\tau\boldsymbol{H} & \boldsymbol{0}\\ \boldsymbol{0} & \boldsymbol{0}\end{bmatrix},\quad \bar{\boldsymbol{D}}=\begin{bmatrix}-\boldsymbol{S}\boldsymbol{D}_\xi & \boldsymbol{0}\\ \boldsymbol{0} & -\boldsymbol{I}_q\end{bmatrix}$$

$$\bar{\boldsymbol{g}}=\begin{bmatrix}\boldsymbol{S}[\boldsymbol{g}(t,\boldsymbol{E}\hat{\boldsymbol{\zeta}})-\boldsymbol{g}(t,\boldsymbol{E}\boldsymbol{\zeta})]\\ \boldsymbol{0}\end{bmatrix}$$

$$\bar{\boldsymbol{g}}_\tau(t-\tau)=\begin{bmatrix}\boldsymbol{S}[\boldsymbol{g}_\tau(t,\boldsymbol{E}\hat{\boldsymbol{\zeta}}(t-\tau))-\boldsymbol{g}_\tau(t,\boldsymbol{E}\boldsymbol{\zeta}(t-\tau))]\\ \boldsymbol{0}\end{bmatrix}$$

记

$$\bar{\boldsymbol{A}}_1=\begin{bmatrix}\boldsymbol{S}\boldsymbol{M} & \boldsymbol{S}\boldsymbol{F}_{\mathrm{ac}}\\ \boldsymbol{0} & \boldsymbol{0}\end{bmatrix},\quad \bar{\boldsymbol{A}}_2=[\boldsymbol{H}\quad \boldsymbol{0}],\quad \boldsymbol{Q}=[\boldsymbol{F}^{\mathrm{T}}\quad \boldsymbol{G}^{\mathrm{T}}]^{\mathrm{T}}$$

则有，$\bar{\boldsymbol{A}}=\bar{\boldsymbol{A}}_1-\boldsymbol{Q}\bar{\boldsymbol{A}}_2$。令 $\boldsymbol{Y}_1=\boldsymbol{P}\boldsymbol{Q}$，通过计算可知

$$\boldsymbol{P}\bar{\boldsymbol{A}}=\boldsymbol{P}\bar{\boldsymbol{A}}_1-\boldsymbol{Y}_1\bar{\boldsymbol{A}}_2 \tag{5-11}$$

记 $\bar{A}_{\tau 1}=\begin{bmatrix}SM_{\tau} & \mathbf{0}\\ 0 & \mathbf{0}\end{bmatrix}$，$\bar{A}_{\tau 2}=[H\quad \mathbf{0}]$，$Q_{\tau}=[F_{\tau}^{\mathrm{T}}\quad \mathbf{0}]^{\mathrm{T}}$。那么，$\bar{A}_{\tau}=\bar{A}_{\tau 1}-Q_{\tau}\bar{A}_{\tau 2}$。令 $Y_2=PQ_{\tau}$，通过计算可知

$$P\bar{A}_{\tau}=P\bar{A}_{\tau 1}-Y_2\bar{A}_{\tau 2} \tag{5-12}$$

为了抑制干扰 d 对故障估计的影响，设计 H_{∞} 性能指标 $\gamma>0$，使得

$$\|\bar{\varepsilon}\|\leqslant\gamma\|d\| \tag{5-13}$$

由于 $\|\bar{\varepsilon}\|\geqslant\|\hat{f}_{ac}-f_{ac}\|$，且 $\|\bar{\varepsilon}\|\geqslant\|\hat{f}_{s}-f_{s}\|$，因此当式(5－13)成立时，即可实现执行器故障(元器件故障)与传感器故障的同时鲁棒估计。由式(5－13)可知，较小的 γ 值表示干扰对故障估计的影响较小，下面通过求解优化问题得到 γ 的最小值，并证明误差动态系统(5－10)是鲁棒渐近稳定的。

5.4.2 稳定性证明

定理 5－1 考虑时滞非线性系统(5－3)，若存在正定矩阵 P 与 R，以及矩阵 Y_1 与 Y_2 使得以下 LMI 优化问题

$\min\gamma,\gamma>0$

$$\text{s.t.}\ \bar{\Gamma}=\begin{bmatrix}\bar{\Gamma}_{11} & P\bar{A}_{\tau 1}-Y_2\bar{A}_{\tau 2} & P & P & P\bar{D} & I_{n+r+q}\\ * & A_{\bar{g}\tau}-R & \mathbf{0} & \mathbf{0} & \mathbf{0} & \mathbf{0}\\ * & * & -I_{n+r+q} & \mathbf{0} & \mathbf{0} & \mathbf{0}\\ * & * & * & -I_{n+r+q} & \mathbf{0} & \mathbf{0}\\ * & * & * & * & -\gamma I_{l+q} & \mathbf{0}\\ * & * & * & * & * & -\gamma I_{n+r+q}\end{bmatrix}<\mathbf{0} \tag{5-14}$$

有解，那么误差动态系统(5－10)是鲁棒渐近稳定的。式(5－14)中，* 表示对称矩阵的对称项，且

$$\bar{\Gamma}_{11}=P\bar{A}_1-Y_1\bar{A}_2+\bar{A}_1^{\mathrm{T}}P-\bar{A}_2^{\mathrm{T}}Y_1^{\mathrm{T}}+R+A_{\bar{g}}$$

$$A_{\bar{g}}=\begin{bmatrix}\|S\|(L_gE)^{\mathrm{T}}L_gE & \mathbf{0}\\ \mathbf{0} & \mathbf{0}\end{bmatrix}$$

$$A_{\bar{g}\tau}=\begin{bmatrix}\|S\|(L_{g\tau}E)^{\mathrm{T}}L_{g\tau}E & \mathbf{0}\\ \mathbf{0} & \mathbf{0}\end{bmatrix}$$

证明 定义 Lyapunov 泛函 $V=\bar{\varepsilon}^{\mathrm{T}}P\gamma\bar{\varepsilon}+\int_{t-\tau}^{t}\bar{\varepsilon}^{\mathrm{T}}(s)R\gamma\bar{\varepsilon}(s)\mathrm{d}s$，对 V 沿着系统(5－10)求导可得

$$\begin{aligned}\dot{V}&=\bar{\varepsilon}^{\mathrm{T}}P\gamma\dot{\bar{\varepsilon}}+\dot{\bar{\varepsilon}}^{\mathrm{T}}P\gamma\bar{\varepsilon}+\bar{\varepsilon}^{\mathrm{T}}R\gamma\bar{\varepsilon}-\bar{\varepsilon}^{\mathrm{T}}(t-\tau)R\gamma\bar{\varepsilon}(t-\tau)\\&=\bar{\varepsilon}^{\mathrm{T}}P\gamma[\bar{A}\bar{\varepsilon}+\bar{A}_{\tau}\bar{\varepsilon}(t-\tau)+\bar{g}+\bar{g}_{\tau}(t-\tau)+\bar{D}d]+\end{aligned}$$

$$
\begin{aligned}
&[\bar{A}\bar{\varepsilon}+\bar{A}_{\tau}\bar{\varepsilon}(t-\tau)+\bar{g}+\bar{g}_{\tau}(t-\tau)+\bar{D}d]^{\mathrm{T}}\cdot\\
&P\gamma\bar{\varepsilon}+\bar{\varepsilon}^{\mathrm{T}}R\gamma\bar{\varepsilon}-\bar{\varepsilon}^{\mathrm{T}}(t-\tau)R\gamma\bar{\varepsilon}(t-\tau)\\
=&\bar{\varepsilon}^{\mathrm{T}}(P\gamma\bar{A}+\bar{A}^{\mathrm{T}}P\gamma+\gamma R)\bar{\varepsilon}+\bar{\varepsilon}^{\mathrm{T}}P\gamma\bar{A}_{\tau}\bar{\varepsilon}(t-\tau)+\bar{\varepsilon}(t-\tau)^{\mathrm{T}}\bar{A}_{\tau}^{\mathrm{T}}P\gamma\bar{\varepsilon}+\\
&\bar{\varepsilon}^{\mathrm{T}}P\gamma\bar{g}+\bar{g}^{\mathrm{T}}P\gamma\bar{\varepsilon}+\bar{\varepsilon}^{\mathrm{T}}P\gamma\bar{g}_{\tau}(t-\tau)+\bar{g}_{\tau}(t-\tau)^{\mathrm{T}}P\gamma\bar{\varepsilon}+\\
&\bar{\varepsilon}^{\mathrm{T}}P\gamma\bar{D}d+d^{\mathrm{T}}\bar{D}^{\mathrm{T}}P\gamma\bar{\varepsilon}-\bar{\varepsilon}^{\mathrm{T}}(t-\tau)R\gamma\bar{\varepsilon}(t-\tau)
\end{aligned}
\tag{5-15}
$$

此外,通过计算可知

$$
\begin{aligned}
\bar{g}^{\mathrm{T}}I_{n+r+q}\bar{g}&=\begin{bmatrix}[g(t,E\hat{\zeta})-g(t,E\zeta)]^{\mathrm{T}}S^{\mathrm{T}} & 0\end{bmatrix}\begin{bmatrix}S[g(t,E\hat{\zeta})-g(t,E\zeta)]\\ 0\end{bmatrix}\\
&=\|S[g(t,E\hat{\zeta})-g(t,E\zeta)]\|\\
&\leqslant\|S\|\,\|g(t,E\hat{\zeta})-g(t,E\zeta)\|\\
&=\|S\|\,[g(t,E\hat{\zeta})-g(t,E\zeta)]^{\mathrm{T}}[g(t,E\hat{\zeta})-g(t,E\zeta)]\\
&\leqslant\|S\|\,[\hat{\zeta}-\zeta]^{\mathrm{T}}E^{\mathrm{T}}L_g^{\mathrm{T}}L_gE[\hat{\zeta}-\zeta]\\
&=\|S\|\,[L_gE[I_{n+r}\quad 0]\bar{\varepsilon}]^{\mathrm{T}}L_gE[I_{n+r}\quad 0]\bar{\varepsilon}\\
&=\|S\|\bar{\varepsilon}^{\mathrm{T}}[L_gE\quad 0]^{\mathrm{T}}[L_gE\quad 0]\bar{\varepsilon}\\
&=\bar{\varepsilon}^{\mathrm{T}}\begin{bmatrix}\|S\|(L_gE)^{\mathrm{T}}L_gE & 0\\ 0 & 0\end{bmatrix}\bar{\varepsilon}\\
&=\bar{\varepsilon}^{\mathrm{T}}A_{\bar{g}}\bar{\varepsilon}
\end{aligned}
$$

所以,有

$$
\bar{\varepsilon}^{\mathrm{T}}A_{\bar{g}}\bar{\varepsilon}-\bar{g}^{\mathrm{T}}I_{n+r+q}\bar{g}\geqslant 0 \tag{5-16}
$$

同理可知

$$
\bar{\varepsilon}(t-\tau)^{\mathrm{T}}A_{\bar{g}\tau}\bar{\varepsilon}(t-\tau)-\bar{g}_{\tau}(t-\tau)^{\mathrm{T}}I_{n+r+q}\bar{g}_{\tau}(t-\tau)\geqslant 0 \tag{5-17}
$$

式中,$A_{\bar{g}\tau}=\begin{bmatrix}\|S\|(L_{g\tau}E)^{\mathrm{T}}L_{g\tau}E & 0\\ 0 & 0\end{bmatrix}$。

令 $J=\int_0^{\infty}\dfrac{\bar{\varepsilon}^{\mathrm{T}}\bar{\varepsilon}-\gamma^2d^{\mathrm{T}}d}{\gamma}\mathrm{d}t$,从而

$$
J<\int_0^{\infty}\frac{\bar{\varepsilon}^{\mathrm{T}}\bar{\varepsilon}-\gamma^2d^{\mathrm{T}}d+\dot{V}}{\gamma}\mathrm{d}t \tag{5-18}
$$

记 $\tilde{J}=\dfrac{\bar{\varepsilon}^{\mathrm{T}}\bar{\varepsilon}-\gamma^2d^{\mathrm{T}}d+\dot{V}}{\gamma}$,由式(5-18)可知,使得 $J<0$ 的一个充分条件是 $\tilde{J}<0$。由式(5-15)和式(5-16)计算可知

$$
\begin{aligned}
\tilde{J} &= \frac{\bar{\boldsymbol{\varepsilon}}^{\mathrm{T}}\bar{\boldsymbol{\varepsilon}} - \gamma^2 \boldsymbol{d}^{\mathrm{T}}\boldsymbol{d} + \dot{V}}{\gamma} \\
&\leqslant \frac{1}{\gamma}\big[\bar{\boldsymbol{\varepsilon}}^{\mathrm{T}}\bar{\boldsymbol{\varepsilon}} - \gamma^2 \boldsymbol{d}^{\mathrm{T}}\boldsymbol{d} + \bar{\boldsymbol{\varepsilon}}^{\mathrm{T}}(\boldsymbol{P}\gamma\bar{\boldsymbol{A}} + \bar{\boldsymbol{A}}^{\mathrm{T}}\boldsymbol{P}\gamma + \gamma\boldsymbol{R})\bar{\boldsymbol{\varepsilon}} + \bar{\boldsymbol{\varepsilon}}^{\mathrm{T}}\boldsymbol{P}\gamma\bar{\boldsymbol{A}}_{\tau}\bar{\boldsymbol{\varepsilon}}(t-\tau) + \\
&\quad \bar{\boldsymbol{\varepsilon}}(t-\tau)^{\mathrm{T}}\bar{\boldsymbol{A}}_{\tau}^{\mathrm{T}}\boldsymbol{P}\gamma\bar{\boldsymbol{\varepsilon}} + \bar{\boldsymbol{\varepsilon}}^{\mathrm{T}}\boldsymbol{P}\gamma\bar{\boldsymbol{g}} + \bar{\boldsymbol{g}}^{\mathrm{T}}\boldsymbol{P}\gamma\bar{\boldsymbol{\varepsilon}} + \bar{\boldsymbol{\varepsilon}}^{\mathrm{T}}\boldsymbol{P}\gamma\bar{\boldsymbol{g}}_{\tau}(t-\tau) + \bar{\boldsymbol{g}}_{\tau}(t-\tau)^{\mathrm{T}}\boldsymbol{P}\gamma\bar{\boldsymbol{\varepsilon}} + \\
&\quad \bar{\boldsymbol{\varepsilon}}^{\mathrm{T}}\boldsymbol{P}\gamma\bar{\boldsymbol{D}}\boldsymbol{d} + \boldsymbol{d}^{\mathrm{T}}\bar{\boldsymbol{D}}^{\mathrm{T}}\boldsymbol{P}\gamma\bar{\boldsymbol{\varepsilon}} - \bar{\boldsymbol{\varepsilon}}^{\mathrm{T}}(t-\tau)\boldsymbol{R}\gamma\bar{\boldsymbol{\varepsilon}}(t-\tau)\big] + \\
&\quad \bar{\boldsymbol{\varepsilon}}^{\mathrm{T}}\boldsymbol{A}_{\bar{g}}\bar{\boldsymbol{\varepsilon}} - \bar{\boldsymbol{g}}^{\mathrm{T}}\boldsymbol{I}_{n+r+q}\bar{\boldsymbol{g}} + \bar{\boldsymbol{\varepsilon}}(t-\tau)^{\mathrm{T}}\boldsymbol{A}_{\bar{g}\tau}\bar{\boldsymbol{\varepsilon}}(t-\tau) - \bar{\boldsymbol{g}}_{\tau}(t-\tau)^{\mathrm{T}}\boldsymbol{I}_{n+r+q}\bar{\boldsymbol{g}}_{\tau}(t-\tau) \\
&\leqslant \bar{\boldsymbol{\varepsilon}}^{\mathrm{T}}\left(\boldsymbol{P}\bar{\boldsymbol{A}} + \bar{\boldsymbol{A}}^{\mathrm{T}}\boldsymbol{P} + \boldsymbol{R} + \boldsymbol{A}_{\bar{g}} + \frac{1}{\gamma}\boldsymbol{I}_{n+r+q}\right)\bar{\boldsymbol{\varepsilon}} + \bar{\boldsymbol{\varepsilon}}^{\mathrm{T}}\boldsymbol{P}\bar{\boldsymbol{A}}_{\tau}\bar{\boldsymbol{\varepsilon}}(t-\tau) + \bar{\boldsymbol{\varepsilon}}(t-\tau)^{\mathrm{T}}\bar{\boldsymbol{A}}_{\tau}^{\mathrm{T}}\boldsymbol{P}\bar{\boldsymbol{\varepsilon}} + \\
&\quad \bar{\boldsymbol{\varepsilon}}^{\mathrm{T}}\boldsymbol{P}\bar{\boldsymbol{g}} + \bar{\boldsymbol{g}}^{\mathrm{T}}\boldsymbol{P}\bar{\boldsymbol{\varepsilon}} + \bar{\boldsymbol{\varepsilon}}^{\mathrm{T}}\boldsymbol{P}\bar{\boldsymbol{g}}_{\tau}(t-\tau) + \bar{\boldsymbol{g}}_{\tau}(t-\tau)^{\mathrm{T}}\boldsymbol{P}\bar{\boldsymbol{\varepsilon}} + \bar{\boldsymbol{\varepsilon}}^{\mathrm{T}}\boldsymbol{P}\bar{\boldsymbol{D}}\boldsymbol{d} + \boldsymbol{d}^{\mathrm{T}}\bar{\boldsymbol{D}}^{\mathrm{T}}\boldsymbol{P}\bar{\boldsymbol{\varepsilon}} + \\
&\quad \bar{\boldsymbol{\varepsilon}}^{\mathrm{T}}(t-\tau)(\boldsymbol{A}_{\bar{g}\tau} - \boldsymbol{R})\bar{\boldsymbol{\varepsilon}}(t-\tau) - \gamma\boldsymbol{d}^{\mathrm{T}}\boldsymbol{d} - \bar{\boldsymbol{g}}^{\mathrm{T}}\boldsymbol{I}_{n+r+q}\bar{\boldsymbol{g}} - \bar{\boldsymbol{g}}_{\tau}(t-\tau)^{\mathrm{T}}\boldsymbol{I}_{n+r+q}\bar{\boldsymbol{g}}_{\tau}(t-\tau)
\end{aligned}
$$

定义 $\boldsymbol{X} = [\bar{\boldsymbol{\varepsilon}}^{\mathrm{T}} \quad \bar{\boldsymbol{\varepsilon}}(t-\tau)^{\mathrm{T}} \quad \bar{\boldsymbol{g}}^{\mathrm{T}} \quad \bar{\boldsymbol{g}}(t-\tau)^{\mathrm{T}} \quad \boldsymbol{d}^{\mathrm{T}}]^{\mathrm{T}}$，可知 $\tilde{J} \leqslant \boldsymbol{X}^{\mathrm{T}}\boldsymbol{\Gamma}\boldsymbol{X}$。从而由 $\boldsymbol{\Gamma}<\boldsymbol{0}$ 可得到 $\tilde{J}<0$。其中，

$$
\boldsymbol{\Gamma} = \begin{bmatrix}
\boldsymbol{P}\bar{\boldsymbol{A}} + \bar{\boldsymbol{A}}^{\mathrm{T}}\boldsymbol{P} + \boldsymbol{R} + \boldsymbol{A}_{\bar{g}} + \frac{1}{\gamma}\boldsymbol{I}_{n+r+q} & \boldsymbol{P}\bar{\boldsymbol{A}}_{\tau} & \boldsymbol{P} & \boldsymbol{P} & \boldsymbol{P}\bar{\boldsymbol{D}} \\
* & \boldsymbol{A}_{\bar{g}\tau} - \boldsymbol{R} & \boldsymbol{0} & \boldsymbol{0} & \boldsymbol{0} \\
* & * & -\boldsymbol{I}_{n+r+q} & \boldsymbol{0} & \boldsymbol{0} \\
* & * & * & -\boldsymbol{I}_{n+r+q} & \boldsymbol{0} \\
* & * & * & * & -\gamma\boldsymbol{I}_{l+q}
\end{bmatrix}
$$

根据 Schur 补定理，可知 $\boldsymbol{\Gamma}<\boldsymbol{0}$ 与

$$
\bar{\boldsymbol{\Gamma}} = \begin{bmatrix}
\boldsymbol{P}\bar{\boldsymbol{A}} + \bar{\boldsymbol{A}}^{\mathrm{T}}\boldsymbol{P} + \boldsymbol{R} + \boldsymbol{A}_{\bar{g}} & \boldsymbol{P}\bar{\boldsymbol{A}}_{\tau} & \boldsymbol{P} & \boldsymbol{P} & \boldsymbol{P}\bar{\boldsymbol{D}} & \boldsymbol{I}_{n+r+q} \\
* & \boldsymbol{A}_{\bar{g}\tau} - \boldsymbol{R} & \boldsymbol{0} & \boldsymbol{0} & \boldsymbol{0} & \boldsymbol{0} \\
* & * & -\boldsymbol{I}_{n+r+q} & \boldsymbol{0} & \boldsymbol{0} & \boldsymbol{0} \\
* & * & * & -\boldsymbol{I}_{n+r+q} & \boldsymbol{0} & \boldsymbol{0} \\
* & * & * & * & -\gamma\boldsymbol{I}_{l+q} & \boldsymbol{0} \\
* & * & * & * & * & -\gamma\boldsymbol{I}_{n+r+q}
\end{bmatrix} < \boldsymbol{0}
$$

等价。再由式(5-11)与式(5-12)可知，$\bar{\boldsymbol{\Gamma}}<\boldsymbol{0}$ 等价于

$$
\bar{\boldsymbol{\Gamma}} = \begin{bmatrix}
\bar{\boldsymbol{\Gamma}}_{11} & \boldsymbol{P}\bar{\boldsymbol{A}}_{\tau1} - \boldsymbol{Y}_2\bar{\boldsymbol{A}}_{\tau2} & \boldsymbol{P} & \boldsymbol{P} & \boldsymbol{P}\bar{\boldsymbol{D}} & \boldsymbol{I}_{n+r+q} \\
* & \boldsymbol{A}_{\bar{g}\tau} - \boldsymbol{R} & \boldsymbol{0} & \boldsymbol{0} & \boldsymbol{0} & \boldsymbol{0} \\
* & * & -\boldsymbol{I}_{n+r+q} & \boldsymbol{0} & \boldsymbol{0} & \boldsymbol{0} \\
* & * & * & -\boldsymbol{I}_{n+r+q} & \boldsymbol{0} & \boldsymbol{0} \\
* & * & * & * & -\gamma\boldsymbol{I}_{l+q} & \boldsymbol{0} \\
* & * & * & * & * & -\gamma\boldsymbol{I}_{n+r+q}
\end{bmatrix} < \boldsymbol{0}
\tag{5-19}
$$

式中，$\bar{\boldsymbol{\Gamma}}_{11}=\boldsymbol{P}\bar{\boldsymbol{A}}_1-\boldsymbol{Y}_1\bar{\boldsymbol{A}}_2+\bar{\boldsymbol{A}}_1^{\mathrm{T}}\boldsymbol{P}-\bar{\boldsymbol{A}}_2^{\mathrm{T}}\boldsymbol{Y}_1^{\mathrm{T}}+\boldsymbol{R}+\boldsymbol{A}_{\bar{g}}$。式(5－19)已经是 LMI，若存在最小的 γ 使得式(5－19)成立，也就是使得式(5－14)成立，那么 $\tilde{J}<0$，进而 $J<0$，从而可知 $\|\bar{\boldsymbol{\varepsilon}}\|\leqslant\gamma\|\boldsymbol{d}\|$，至此定理 5－1 得证。

5.5　故障估计

定理 5－2　考虑时滞非线性系统(5－3)，若存在正定矩阵 $\boldsymbol{P}$ 与 $\boldsymbol{R}$，以及与矩阵 $\boldsymbol{Y}_1$ 与 $\boldsymbol{Y}_2$ 使得 LMI(5－14)有解，那么 $\hat{\boldsymbol{f}}_{\mathrm{s}}=[\boldsymbol{0}\quad \boldsymbol{I}_r]\hat{\boldsymbol{\zeta}}$ 是传感器故障 $\boldsymbol{f}_{\mathrm{s}}$ 的鲁棒渐近估计，$\hat{\boldsymbol{f}}_{\mathrm{ac}}=\int_0^t -\boldsymbol{G}\boldsymbol{e}_y\mathrm{d}\tau$ 为执行器故障(元器件故障)$\boldsymbol{f}_{\mathrm{ac}}$ 的鲁棒渐近估计。

证明　由定理 5－1 可知，$\hat{\boldsymbol{\zeta}}$ 是 $\boldsymbol{\zeta}$ 的鲁棒渐近估计，从而 $\hat{\boldsymbol{f}}_s=[\boldsymbol{0}\quad \boldsymbol{I}_r]\hat{\boldsymbol{\zeta}}$ 是传感器故障 $\boldsymbol{f}_{\mathrm{s}}$ 的鲁棒渐近估计。同样可知，$\hat{\boldsymbol{f}}_{\mathrm{ac}}=\int_0^t -\boldsymbol{G}\boldsymbol{e}_y\mathrm{d}\tau$ 是执行器故障(元器件故障)$\boldsymbol{f}_{\mathrm{ac}}$ 的鲁棒渐近估计。证毕。

5.6　仿真分析

考虑如下时滞非线性系统[47]，其状态空间方程为

$$
\begin{cases}
\begin{bmatrix}\dot{x}_1(t)\\ \dot{x}_2(t)\end{bmatrix}=\begin{bmatrix}-2.5 & 0\\ -3 & -3\end{bmatrix}\begin{bmatrix}x_1(t)\\ x_2(t)\end{bmatrix}+\begin{bmatrix}0.5 & 0\\ 0 & 0.2\end{bmatrix}\begin{bmatrix}x_1(t-1)\\ x_2(t-1)\end{bmatrix}+\\
\qquad\begin{bmatrix}-2\\ 0\end{bmatrix}f_{\mathrm{a}}(t)+\begin{bmatrix}0\\ 1\end{bmatrix}\xi(t)+\begin{bmatrix}-2\\ 0\end{bmatrix}u(t)+\\
\qquad\begin{bmatrix}0.178\,9\sin x_1(t)\\ 0\end{bmatrix}+\begin{bmatrix}0\\ 0.178\,9\sin x_2(t-1)\end{bmatrix}\\
\begin{bmatrix}y_1(t)\\ y_2(t)\end{bmatrix}=\begin{bmatrix}1 & 0\\ 1 & -1\end{bmatrix}\begin{bmatrix}x_1(t)\\ x_2(t)\end{bmatrix}+\begin{bmatrix}0\\ 1\end{bmatrix}f_{\mathrm{s}}(t)
\end{cases}
\tag{5-20}
$$

系统(5－20)中的干扰设为 $\xi(t)=0.2\sin(0.4\pi t)$。考虑系统(5－20)发生如下执行器故障与传感器故障：

$$
f_{\mathrm{a}}(t)=(t-4)\sin(15-t),\qquad 0\leqslant t\leqslant 10
$$

$$
f_{\mathrm{s}}(t)=\begin{cases}0, & 0\leqslant t<5\\ 0.8(t-5)+0.2\sin(3t-15), & 5\leqslant t\leqslant 10\end{cases}
$$

求解 LMI(5－14)可以得到 $\gamma_{\min}=2.275\,3$，相应的矩阵为

$$
\boldsymbol{Q}=\begin{bmatrix}\boldsymbol{F}\\ \boldsymbol{G}\end{bmatrix}=\begin{bmatrix}1.046\,4\times10^9 & -5.323\,7\times10^7\\ 5.706\,9\times10^3 & -356.779\,7\\ 5.909\,0\times10^3 & -156.587\,5\\ -1.046\,4\times10^9 & 5.323\,6\times10^7\end{bmatrix}
$$

可以看出 $\boldsymbol{Q}$ 中有的项太大，为了避免取过大的观测器增益矩阵，取 $\gamma=3.6$，通过求解 LMI(5－19)的可行解得到

$$\boldsymbol{P}=\begin{bmatrix}0.2831 & 0.0463 & -0.4158 & 0.2831\\ 0.0463 & 2.3534 & -1.1572 & 0.0463\\ -0.4158 & -1.1572 & 2.2614 & -0.4158\\ 0.2831 & 0.0463 & -0.4158 & 0.3349\end{bmatrix}$$

$$\boldsymbol{R}=\begin{bmatrix}37.7521 & -3.2015 & 3.2818 & -0.0148\\ -3.2015 & 20.9197 & -18.9762 & -0.3423\\ 3.2818 & -18.9762 & 20.7779 & -0.3210\\ -0.0148 & -0.3423 & -0.3210 & 0.1959\end{bmatrix}$$

$$\boldsymbol{Y}_1=\begin{bmatrix}40.7135 & 4.8217\\ 13.5981 & -26.5610\\ -22.2936 & 29.9163\\ 0.8166 & -0.5201\end{bmatrix},\quad \boldsymbol{Y}_2=\begin{bmatrix}0.1397 & 0.0363\\ 0.2268 & -0.0652\\ -0.3784 & -0.1603\\ 0.1397 & 0.0363\end{bmatrix}$$

$$\boldsymbol{Q}=\begin{bmatrix}\boldsymbol{F}\\ \cdots\\ \boldsymbol{G}\end{bmatrix}=\begin{bmatrix}963.2864 & 151.6519\\ 19.4705 & -1.8060\\ 35.5685 & 21.2223\\ \hdashline -770.4029 & -103.1511\end{bmatrix},\quad \boldsymbol{Q}_\tau=\begin{bmatrix}\boldsymbol{F}_\tau\\ \cdots\\ \boldsymbol{0}\end{bmatrix}=\begin{bmatrix}0.3838 & -0.0374\\ 0.0551 & -0.0871\\ -0.0686 & -0.1223\\ \hdashline 0 & 0\end{bmatrix}$$

根据 5.4 节以及设计的奇异自适应观测器(5－6)可得故障估计的示意图，如图 5－1 所示。

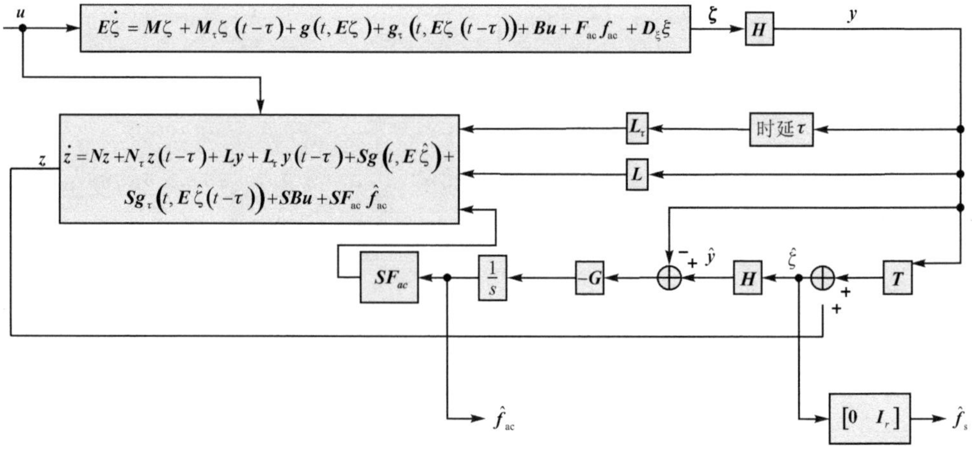

图 5－1　故障估计示意图

系统(5-20)的初始状态设为 $x_1(t)=-0.8, x_2(t)=1.7, t\in[-1,0]$。观测器(5-6)的初始状态设为 $\boldsymbol{z}(t)=[0\quad 0\quad 0]^{\mathrm{T}}, t\in[-1,0]$。图 5-2 与图 5-3 所示为系统(5-20)的状态估计,可以看出,本章设计的奇异自适应观测器实现了系统(5-20)状态的鲁棒渐近估计。执行器与传感器的故障估计如图 5-4 与图 5-5 所示,可以看出,本章的方法可以实现时滞非线性系统中执行器故障与传感器故障的同时鲁棒渐近估计。

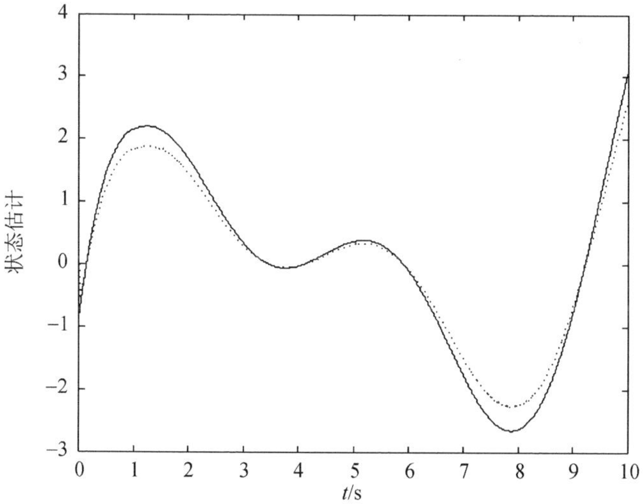

图 5-2　状态 x_1 与估计值 $\hat{x}_1$

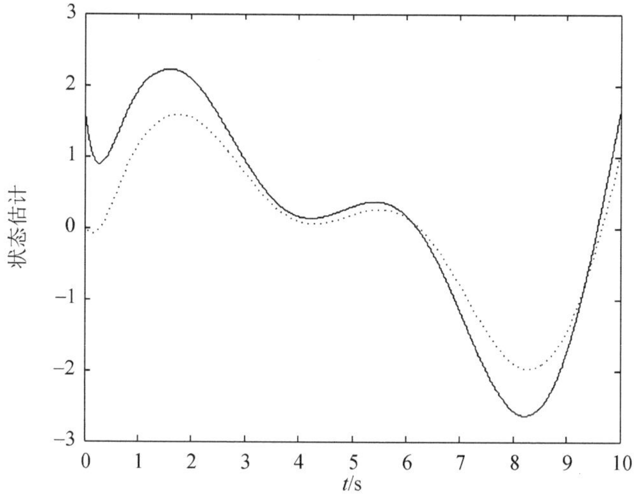

图 5-3　状态 x_2 与估计值 $\hat{x}_2$

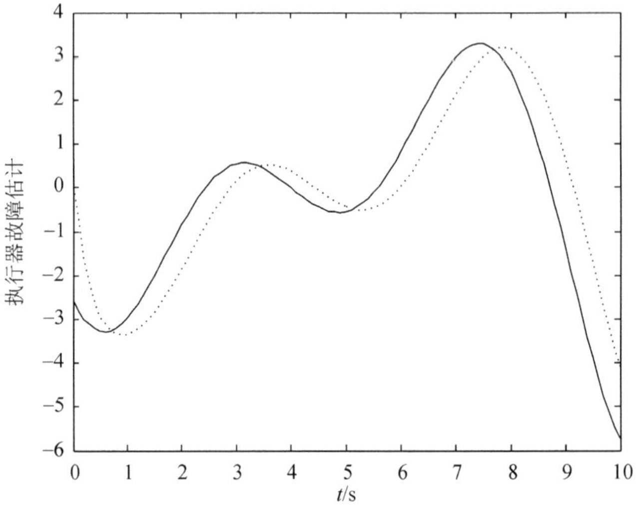

图 5-4 执行器故障 f_a 与估计值 $\hat{f}_a$

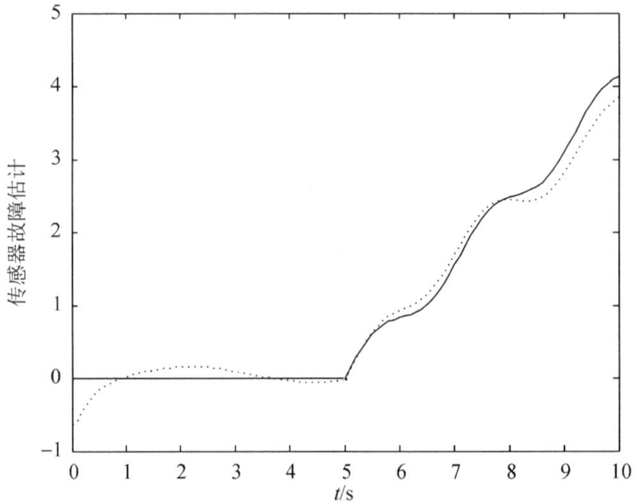

图 5-5 传感器故障 f_s 与估计值 $\hat{f}_s$

5.7 本章小结

针对时滞非线性系统的故障估计问题，本章提出一种奇异自适应观测器，该观测器能够实现执行器故障(元器件故障)与传感器故障的同时鲁棒渐近估计。首先，将研究的时滞非线性系统改写成奇异系统形式。其次,利用 LMI 得到了所提奇异自适应观测器的增益矩阵,同时通过 H_∞ 性能指标抑制了干扰对故障估计的影响。再次,利用 Lyapunov 泛函证明了误差动态系统的鲁棒渐近稳定性,在此基础上得到了执行器故障(元器件故障)与传感器故障的同时鲁棒渐近估计。最后,通过仿真算例验证了本章所提方法是有效的。本章所提方法不需要对故障或故障导数以及干扰作上界已知的假设,因此与已有方法相比,本章所提方法适用范围更广。

参考文献

[1] 黄琳. 为什么做，做什么和发展战略:控制科学学科发展战略研讨会约稿前言[J]. 自动化学报，2013，39(2)：97-100.

[2] 国务院"7・23"甬温线特别重大铁路交通事故调查组. "7・23"甬温线特别重大铁路交通事故调查报告[EB/OL].(2011-12-29). https://www.gov.cn/gzdt/2011-12/29/content_2032986.htm.

[3] 俄罗斯公布7月初"质子"火箭事故原因[EB/OL].(2013-07-19). http://www.china.com.cn/v/news/2013-07/19/content_29466925.htm.

[4] 沈毅，李利亮，王振华.航天器故障诊断与容错控制技术研究综述[J].宇航学报,2020,41(06):647-656.

[5] CHEN J, PATTON R J. Robust model-based fault diagnosis for dynamic systems[M]. Boston: Kluwer, 1999.

[6] 周东华，叶银忠. 现代故障诊断与容错控制[M]. 北京:清华大学出版社，2000.

[7] 胡昌华,许化龙. 控制系统故障诊断与容错控制的分析和设计[M]. 北京:国防工业出版社，2008.

[8] 姜斌，冒泽慧，杨浩，等.控制系统的故障诊断与故障调节[M]. 北京:国防工业出版社，2009.

[9] BEARD R V. Failure Accommodation in linear systems through self-reorganization [D]. Cambridge:Report MVT71-l, ManVehicle Lab, MIT, 1971.

[10] MEHRA R K, PESCHON J, An innovation approach of fault detection and diagnosis in dynamics[J]. Automatica, 1971, 7(5):637-640.

[11] TAGHEZOUIT B, HARROU F, SUN Y, et al. Model-based fault detection in photovoltaic systems: a comprehensive review and avenues for enhancement[J]. Results in Engineering, 2024, 21.

[12] LI H Q, JIA M X, MAO Z Z. Dynamic reconstruction principal component analysis for process monitoring and fault detection in the cold rolling industry [J]. Journal of Process Control, 2023, 128.

[13] JOSE S, NGUYEN K T P, KAMAL M, et al. Fault detection and diagnostics in the context of sparse multimodal data and expert knowledge assistance: Application to hydrogenerators[J]. Computers in Industry, 2023,

151.

[14] DUAN Z, DING F Y, LIANG J, et al. Observer-based fault detection for continuous-discrete systems in T-S fuzzy model[J]. Nonlinear Analysis: Hybrid Systems, 2023, 50.

[15] STIEFELMAIER J, MICHAEL B, OLIVER S, et al. Parity space-based fault diagnosis in piecewise linear systems[J]. IFAC-Papers OnLine, 2023, 56(2):10868-10873.

[16] SAMADA S E, VICENÇ P, FATIHA N. Robust fault detection using zonotopic parameter estimation[J]. IFAC-Papers OnLine, 2022, 55(6): 157-162.

[17] GAO C, ZHAO Q, DUAN G. Robust actuator fault diagnosis scheme for satellite attitude control systems[J]. Journal of the Franklin Institute, 2013, 350(9): 2560-2580.

[18] LIU X, HAN J, WEI X, et al. Reduced-order fault estimation observer based fault-tolerant control for switched systems [J]. Journal of the Franklin Institute, 2024, 361(8).

[19] EDWARDS C, SPURGEON S K, PATTON R J. Sliding mode observers for fault detection and isolation[J]. Automatica, 2000, 36(4), 541-553.

[20] ALWI H, EDWARDS C, TAN C P. Sliding mode estimation schemes for incipient sensor faults[J]. Automatica, 2009, 45(7): 1679-1685.

[21] HAN X, FRIDMAN E, SPURGEON S K. Sampled-data sliding mode observer for robust fault reconstruction: a time-delay approach[J]. Journal of the Franklin Institute, 2014, 351(4): 2125-2142.

[22] YAN X G, EDWARDS C. Nonlinear robust fault reconstruction and estimation using a sliding mode observer[J]. Automatica, 2007, 43(9): 1605-1614.

[23] ZHANG J, SWAIN A K, NGUANG S K. Robust sliding mode observer based fault estimation for certain class of uncertain nonlinear systems[J]. Asian Journal of Control, 2015, 17(4): 1296-1309.

[24] ZHANG J, SWAIN A K, NGUANG S K. Robust sensor fault estimation scheme for satellite attitude control systems[J]. Journal of the Franklin Institute, 2013, 350(9): 2581-2604.

[25] GERLAND P, GROSSD, SCHULTE H, et al. Design of sliding mode observers for TS fuzzy systems with application to disturbance and actuator fault estimation[C]. Atlanta: 2010 49th IEEE Conference on Decision and

Control. IEEE，2010：4373-4378.

[26] FLOQUET T，EDWARDS C，SPURGEON S K. On sliding mode observers for systems with unknown inputs[J]. International Journal of Adaptive Control and Signal Processing，2007，21(8-9)：638-656.

[27] 刘聪，李颖晖，朱喜华，等. 基于自适应滑模观测器的不匹配非线性系统执行器故障重构[J]. 控制理论与应用，2014，31(4)：431-437.

[28] RAOUFI R，MARQUEZZ H J. Simultaneous sensor and actuator fault reconstruction and diagnosis using generalized sliding mode observers[C]// Baltimore：American Control Conference（ACC），2010. IEEE，2010：7016-7021.

[29] JIANG B，WANG J L，SOH Y C. An adaptive technique for robust diagnosis of faults with independent effects on system outputs[J]. International Journal of Control，2002，75(11)：792-802.

[30] 张柯，姜斌. 一种改进的自适应故障诊断设计方法及其在飞控系统中的应用[J]. 航空学报，2009，30(7)：1271-1276.

[31] ZHANG K，JIANG B，SHI P，et al. Multi-constrained fault estimation observer design with finite frequency specifications for continuous-time systems[J]. International Journal of Control，2014，87(8)：1635-1645.

[32] JIANG B，ZHANG K，SHI P. Less conservative criteria for fault accommodation of time-varying delay systems using adaptive fault diagnosis observer[J]. International Journal of Adaptive Control and Signal Processing，2010，24(4)：322-334.

[33] JIANG B，STAROSWIECKI M，COCQUEMPOT V. Fault accommodation for a class of nonlinear systems[J]. IEEE Trans On Automatic Control，2006，51(9)：1578-1583.

[34] QIU J，REN M，NIU Y，et al. Fault estimation for nonlinear dynamic systems[J]. Circuits，Systems&Signal Processing，2012，31(2)：555-564.

[35] ZHANG K，JIANG B，STAROSWIECKI M. Analysis and design of robust estimation filter for a class of continuous-time nonlinear systems[J]. International Journal of Systems Science，2012，43(10)：1958-1968.

[36] GAO C，DUAN G. Robust adaptive fault estimation for a class of nonlinear systems subject to multiplicative faults[J]. Circuits Systems&Signal Processing，2012，31(6)：2035-2046.

[37] ZHANG K，JIANG B，COCQUEMPOT V. Fast adaptive fault estimation and accommodation for nonlinear time-varying delay systems[J]. Asian

Journal of Control, 2009, 11(6): 643-652.

[38] ZHANG K, JIANG B, SHI P. Observer-based integrated robust fault estimation and accommodation design for discrete-time systems[J]. International Journal of Control, 2010, 83(6): 1167-1181.

[39] PARK T G, LEE K S. Process fault isolation for linear systems with unknown inputs[J]. IEE Proceedings-Control Theory&Applications, 2004, 151(6): 720-726.

[40] ALDEEN M, SHARMA R. Estimation of states, faults and unknown disturbances in non-linear systems [J]. International Journal of Control, 2008, 81(8): 1195-1201.

[41] VELUVOLU K C, DEFOORT M, SOH Y C. High-gain observer with sliding mode for nonlinear state estimation and fault reconstruction [J]. Journal of the Franklin Institute, 2014, 351(4): 1995-2014.

[42] ZHU F, YANG J. Fault detection and isolation design for uncertain nonlinear systems based on full-order, reduced-order and high-order high-gain sliding-mode observers[J]. International Journal of Control, 2013, 86(10): 1800-1812.

[43] WASIF S, LI A, CUI Y, Neural network-based sensor fault estimation and active fault-tolerant control for uncertain nonlinear systems[J]. Journal of the Franklin Institute, 2023, 360(4):2678-2701.

[44] JIA Q, CHEN W, ZHANG Y, et al. Fault reconstruction for continuous-time systems via learning observers[J]. Asian Journal of Control, 2016, 18(2): 549-561.

[45] CHEN W, CHEN W T, SAIF M, et al. Simultaneous fault isolation and estimation of lithium-ion batteries via synthesized design of luenberger and learning observers[J]. IEEE Transactions on Control Systems Technology, 2013, 22(1): 290-298.

[46] GAO Z, SHI X, DING S X. Fuzzy state/disturbance observer design for T-S fuzzy systems with application to sensor fault estimation[J]. IEEE Transactions on Systems, Man, and Cybernetics, Part B: Cybernetics, 2008, 38(3): 875-880.

[47] GAO Z, DING S X. STATE and disturbance estimator for time-delay systems with application to fault estimation and signal compensation [J]. IEEE Transactions on Signal Processing, 2007, 55(12): 5541-5551.

[48] AGUILARS H, FLORES G, SALAZAR S, et al. Fault estimation for a quad-rotor MAV using a polynomial observer [J]. Journal of Intelligent & Robotic Systems, 2014, 73(1-4): 455-468.

[49] MASOOD A, ROSMIWATI M M. Fault estimation in discrete-time linear systems with mixed uncertainties using proportional integral observer[J]. Alexandria Engineering Journal, 2022, 61(12):11325-11336.

[50] PILLOSU S, PISANO A, USAI E. Unknown-input observation techniques for infiltration and water flow estimation in open-channel hydraulic systems [J]. Control Engineering Practice, 2012, 20(12): 1374-1384.

[51] SINGH D J, VERMA N K. Interval type-3 T-S fuzzy system for nonlinear aerodynamic modeling[J]. Applied Soft Computing, 2024,150.

[52] DUAN Z, DING F Y, LIANG JVL, et al. Observer-based fault detection for continuous-discrete systems in T-S fuzzy model[J]. Nonlinear Analysis: Hybrid Systems, 2023, 50.

[53] MORENO J A, OSORIO M. A lyapunov approach to second order sliding mode controllers and observers[C]// New York: Proceedings of the IEEE International Conference on Decision and Control, 2008: 2856-2861.

[54] 贺昱，闫茂德，许世燕，等. 非线性控制理论及应用[M]. 北京:清华大学出版社，2021.

[55] 张嗣瀛，高立群. 现代控制理论[M]. 2 版. 北京:清华大学出版社，2017.

[56] 俞立. 现代控制理论[M]. 北京:清华大学出版社，2007.

[57] 陈诚. 具有随机时滞与网络丢包的 T－S 模糊观测器建模与分析[D]. 杭州:浙江工业大学，2020.

[58] 程诗雅. 基于 T－S 模糊模型的非线性时滞系统的鲁棒故障估计与容错控制研究[D]. 沈阳:东北大学，2024.

[59] 李荣昌. T－S 模糊广义时滞系统的滑模观测器设计[D]. 沈阳:东北大学，2022.

[60] 柴天佑，岳恒. 自适应控制[M]. 北京:清华大学出版社，2016.

[61] BHAT S P, BERNSTEIN D S. Finite-time stability of continuous autonomous systems[J]. SIAM Journal on Control and Optimization, 2000, 38(3): 751-766.

[62] BHAT S P, BERNSTEIN D S. Continuous finite-time stabilization of the translational and rotational double integrators[J]. Automatic Control, IEEE Transactions on, 1998, 43(5): 678-682.

[63] 俞立. 鲁棒控制：线性矩阵不等式处理方法[M]. 北京:清华大学出版社，2002.

[64] 党进，倪风雷，刘业超，等. 基于自适应模糊滑模的柔性机械臂控制[J]. 四川大学学报：工程科学版，2011，43(2)：234-240.

[65] KROKAVEC D, FILASOVA A. A reduced-order TS fuzzy observer scheme with application to actuator faults reconstruction[J]. Mathematical Problems in Engineering, 2012: 1-25.

[66] EDWARDS C, FRIDMAN L, LEVANT A. Sliding mode control and observation[M]. Heidelberg: Birkhäuser, 2014.

[67] KRISHNAN R. Electric motor drives: modeling, analysis, and control[M]. Upper Saddle River: Prentice Hall, 2001.

[68] CHEN C C, ZENG H M, YANG J R, et al. Finite-time interval stabilization for time-varying stochastic delayed systems via interval matrix method by piecewise controllers[J]. Systems&Control Letters, 2024, 187.